L'AGRONOMIE

ET

L'INDUSTRIE,

OU

LES PRINCIPES DE L'AGRICULTURE, DU COMMERCE ET DES ARTS, *réduits en pratique.*

Par une société d'Agriculteurs, de Commerçants & d'Artistes.

O fortunatos nimium sua si bona norint !
VIRG. Georg. lib. 1.

CORPS GÉNÉRAL
D'OBSERVATIONS.

Pavillon inv. del.

Cor Sc.

L'AGRONOMIE

ET

L'INDUSTRIE,

OU

Corps général d'observations , faites par les sociétés d'agriculture, du commerce & des arts , établies chez les diverses nations, avec des questions sur les éclaircissements nécessaires , pour l'intelligence des différents principes de ces arts.

O fortunatos nimium , sua si bona norint !

Virg. Georg. lib. i.

TOME PREMIER.

A PARIS,

Chez Despilly , libraire , rue S. Jacqu[es], à la vieille poste.

M. DCC. LXI.

Avec approbation & privilége du roi.

PRÉFACE.

DE tous les établissements formés par les hommes depuis que, réunis en société & se gouvernant selon des loix, ils se sont occupés de la recherche de leurs avantages, il n'en est pas de plus beau que celui des *académies* & des *sociétés*.

Les premières se sont proposé de faire fructifier les sciences & les beaux arts, & les dernières ont donné leur application à des objets aussi utiles & même plus immédiatement nécessaires.

Les membres de ces académies ont arraché les hommes à leur ignorance, en les éclairant & en leur inspirant le desir de s'éclairer, desir heureux qui ne pouvoit tourner qu'à l'avantage de l'humanité.

La philosophie des peuples qui existoient dans les premiers temps, n'étoit, *dit l'abbé Yvon* (a), qu'un amas confus de maximes qui se transmettoient par tradition, & qui prenoient sur les esprits le même ascendant que les oracles de leurs dieux. Ce n'a été que lorsque certains d'entre eux ont osé raisonner, que l'émulation les a fait travailler à la culture des lettres, & que l'esprit humain a commencé à se développer.

Les sciences & les arts ayant soulevé le voile de l'ignorance dans laquelle on croupissoit, chasserent la superstition qui les captivoit, & la politesse, enfin, naissant à la suite de la perfection des arts, fit distinguer les nations qui s'étoient élevées à ce degré de civilisation, d'avec celles qui ne s'étoient pas encore dépouillées de leur rudesse originelle.

Ces peuples grossiers, qui n'avoient point contribué aux progrès de l'esprit humain, dont la conduite n'étoit reglée

____

(a) Encyclopédie, *mot Barbare.*

que par des loix impies, qui n'adoptoient que des uſages & des mœurs extrême-ment oppoſés à ceux des autres peuples, ont été regardés comme des *Barbares.* Cette barbarie tyranniſant l'humanité dont ils étoient revêtus, les faiſoit abhor-rer, avec juſte raiſon, de ceux qui tra-vailloient à l'envi, à rendre les ſcien-ces & les arts utiles à la ſociété.

Ce fut en conſéquence de ce qu'ils ſe regardoient comme *plus capables de per-fectionner leurs goûts,* que les *Grecs,* qui devoient cependant l'invention de l'*aſtro-nomie* aux *Chaldéens,* de la *magie* aux *Perſes,* de la *géométrie* aux *Egyptiens,* & *de l'art des lettres* aux *Phœniciens,* ſe crurent en droit de mépriſer ces inven-teurs, & de les ſurnommer du nom de *Barbares.*

Ces Grecs, en établiſſant les premiers les différents moyens de perfectionner les arts, ont mérité le titre d'*Inſtituteurs des académies.* Ce fut en effet à Piſe qu'on couronna les premiers *ſçavants* & l'*athlete,*

pendant la folemnité des jeux olympi-
ques.

L'an 448 avant J. C. Pife étoit le ren-
dez-vous *quadrannaire* de tous les fçavants de la Grèce ; on y lifoit leurs ouvrages, les fuffrages de l'affemblée applau-
diffoient au mérite, & cette récompenfe
flatteufe pour les talens les faifoit naître
avec l'émulation.

Athènes fuivit bientôt les traces de
Pife, & la poéfie y devint un objet d'ac-
clamation publique.

Alexandrie, l'an 284 avant J. C., établit une académie fur un autre plan que
celui de ces premières, les règles qu'on
y obferva, ont même beaucoup d'ana-
logie avec les règles des académies établies depuis en Europe. C'étoit une affemblée régulière au *Mufée* (a), on y re-
cherchoit les moyens de perfectionner la
phyfique & les autres fciences. Cette com-

(*a*) Lieu public dans un certain quartier de la ville,
fitué près du palais royal appellé *Bruchion.*

pagnie avoit un préfident ou un chef que le roi nommoit.

La philofophie commença fous Augufte à fe perfectionner dans Rome , & cette capitale du monde à goûter les charmes de la poëfie. On y permit des affemblées périodiques générales & particulières où chaque fçavant produifoit fes ouvrages.

Les Romains répandirent bientôt dans les Gaules le goût qu'ils avoient pris pour les lettres. Ils y trouvèrent les fciences déjà cultivées à Lyon , où Caligula établit cependant une académie d'éloquence (a). Marfeille , colonie des Phocéens, n'avoit point ceffé de cultiver les connoiffances que fes premiers habitans avoient apportées de la Grèce , & il eft vraifemblable que ce n'étoit pas fans fuccès.

L'application à ces différents genres d'étude produifoit déjà des fruits , cha-

---

(a) Cette académie étoit plutôt un combat d'auteurs qui devenoit fouvent cruel.

que jour les conduifoit à la maturité, &
il s'étoit fait dans les fciences, les arts &
la politeſſe, un développement fenfible,
lorfque la chute de l'empire Romain, fit
prendre tout-à-coup aux chofes une nouvelle face.

Les peuples qui vinrent le ravager,
étoient barbares, & conféquemment
plongés dans la plus affreufe ignorance.
Tout fe reffentit du coup, corps & efprits, mais les efprits éprouvèrent la plus
violente fecouffe. Un nuage auffi épais
que celui qu'il avoit fallu des fiècles pour
diffiper, vint les couvrir. Alors les fciences quittèrent l'Occident & regagnèrent
la Grèce d'où elles étoient forties. Conf-
tantinople vit fe former une académie
célèbre, où les beaux arts firent de nouveaux progrès jufqu'au règne de Leon
l'Ifaurien. Cet empereur inquiéta les fçavants, & détruifit le refte des ouvrages
qui étoient échappés aux flammes.

Après un laps de temps de 300 ans,
& vers le dixième fiècle, l'Italie remit

en vigueur l'ancien ufage de couronner les poëtes. *Albertino Muſſati* fut le premier qui vit ſa tête ceinte de lauriers en 1329.

Celles des autres nations de l'Europe qui recommençoient à ſe civiliſer , & auxquelles leurs troubles laiſſoient le temps de reſpirer, ſuivirent l'exemple de l'Italie : les Allemands (*a*) ont accordé à *Conradus Celtes-Protuctius* , & les Eſpagnols à *Arrias Montanus* & à *Auſias March* , le titre de *poëte laureat.*

Les eſpèces d'aſſauts de poëſie ſe renouvellèrent de même en France , dès que la tranquillité y reparut un peu , & ſous Louis le Débonnaire , les Troubadours (*b*) amenèrent la mode de ces combats. Les jeux floraux qui ſubſiſtent encore aujourd'hui, s'établirent à Toulouſe, & ſur la fin du règne de Charles V. on

____

(*a*) Auparavant appellés Germains.

(*b*) On les appelloit encore Trouveres, Trouveours ; c'étoient les anciens poëtes Provençaux , inventeurs des fables que les anciens méneſtriers alloient chanter chez les grands.

vit paroître quelques essais de poësie dra-
matique. Ce roi institua même certaines
sociétés pour cet objet & pour quelques
autres.

Florence s'est distinguée pendant le
treizième siècle par son académie, &
cette école a formé de vrais sçavants.
L'académie *del Cimento*, qui se forma en
1666, a porté l'étude de la physique à un
degré de perfection assez considérable.

L'académie de Rome suivoit celle de
Florence dès 1453 : elle étoit très-bril-
lante, & elle est devenue plus florissante
dans le quinzième siècle.

Pendant le siècle qui suivit ce dernier,
les académies de *Vérone* & *Pérouse en*
Italie, connues sous le nom de *gli insen-*
sati, ont eu de la splendeur.

Il s'en établit encore en plusieurs autres endroits : à Padoue, sous le nom de
Ricovrati ; à Ferrare, sous le nom d'*In-*
trepidi ; à Naples, sous celui de *Afferati* ;
à Avignon, sous celui de *Accordati affif-*
sati & d'émulateurs. On en a vu jusqu'à

huit à Turin, fous celui de *Solinghi*; il s'en éleva en trente-fept autres lieux, & le nombre en monte en tout à près de fix cens. Mais toutes ces académies ne font point comparables pour l'importance à celles de Bologne, dont les principales font connues, fous les noms de *Clémentine*, des *Inquiets* & de l'*Inflitut*. Ces académies ont pour objet de leurs recherches toutes les fciences & tous les arts, & quantité de fçavants les ont rendus célèbres.

Toutes les autres contrées de l'Europe ont fuivi le fignal donné par l'Italie. Les fociétés royales de Londres & d'Edimbourg en Angleterre, l'académie royale des fciences & belles-lettres de Berlin en Pruffe, l'académie impériale de Péters-bourg en Ruffie, l'académie royale de Madrid en Efpagne, & l'académie des curieux de la nature en Allemagne, fe font formées, & l'on fçait combien elles ont contribué à l'augmentation des connoiffances humaines.

Quelques princes & quelques particuliers formèrent en France diverses sociétés, mais l'époque des établissements en ce genre dignes de faire honneur à la nation, doit être fixée à l'institution de l'académie Françoise. Cette société, qui a pour objet principal l'éloquence, a été établie par édit de 1635.

On a vu depuis s'établir l'académie de peinture en 1648 ; en 1663, celle des inscriptions. L'histoire constatée par les médailles, la composition des devises & quelques autres objets de cette espèce, formoient l'objet principal de cette dernière institution ; les sçavants qui la composent ont joint à ces travaux la littérature.

On a enfin vu paroître l'académie royale des sciences, l'académie royale d'architecture & celle de chirurgie, en 1666, 1717 & 1731.

Les différents mémoires publiés par ces corps illustres, ont répondu & répondent aux espérances dont on s'étoit flatté dans leur établissement.

Auffi attentif aux perfections des arts, que l'étoit le gouvernement à celui des lettres & des fciences, un prince né avec un goût décidé pour tout ce qui peut contribuer à leurs progrès, M. le comte de Clermont, a fondé, dans un âge encore tendre, en 1729, une académie des arts, qui acquiert chaque jour de la célébrité.

Plufieurs villes de France, excitées par les avantages que retiroit la capitale des établiffements littéraires formés dans fon fein, ont follicité & obtenu les permiffions néceffaires pour en former de femblables fous le nom d'académies royales de belles-lettres & fciences, ou fous celui de fociétés littéraires. Villefranche, en Beaujolois, avoit fon académie dès 1667. Il en a été établi une à Arles en 1669, à Soiffons en 1674, à Nifmes en 1682, à Angers en 1685, à Lyon, deux, l'une en 1700, & l'autre en 1713, à Caën en 1705, à Montpellier en 1706, à Pau en Béarn en 1720, à Blois & à

Beziers en 1723, à Marseille en 1726,
à Montauban en 1730, à la Rochelle en
1732, à Bordeaux . . . . à Arras
en 1737, à Dijon, deux, l'une en 1740 &
l'autre en 1752, à Rouen en 1744, à
Clermont-Ferrand en 1747, à Auxerre
en 1749, à Amiens & à Chaalons fur
Marne en 1750, à Nancy aufli en 1750,
par édit de Staniflas, roi de Pologne, à
Befançon en 1752, à Orléans . . . . . .
& à Touloufe . . . . : (a).

Tous les membres de ces académies
fe font occupés à l'étude des belles-lettres
& des beaux arts, comme ceux qui com-
pofoient celles de leur capitale ; & chaque jour voit éclore des fruits de leurs
recherches.

Si l'efpoir que l'on avoit conçu de l'a-
vancement des lettres & des fciences,
n'a point été trompé à cet égard, que
ne doit-on pas attendre de ces autres académies ou fociétés dont nous avons parlé,

---

(a) Celle-ci eft différente des jeux floraux : elle eft
pour les infcriptions & les belles-lettres, &c.

qui, fous le nom de SOCIÉTÉS D'AGRI-
CULTURE, ont pour objet d'encourager,
d'aider & de promouvoir l'agriculture,
le commerce & les arts ?

Comme ce font ces matières que nous
traitons, il eſt aiſé de voir que c'eſt de
ces dernières fociétés que nous avons particulièrement eu deſſein de parler dès le
commencement de cette préface ; & nous
n'avons rien dit de trop lorſque nous
avons avancé que leur établiſſement étoit
plus immédiatement néceſſaire. Il ne nous
étoit cependant pas poſſible de ne point
parler des autres auparavant : l'agriculture, le commerce & les arts précédent
tout par l'importance de leur objet, mais
les vrais principes de ces trois choſes portant, comme nous l'avons montré, fur
la connoiſſance de la nature, il falloit de
toute néceſſité que nous diſions quelque
choſe des établiſſements relatifs à la
phyſique. Voilà ce qui nous a déterminés à préſenter le tableau hiſtorique
des différentes inſtitutions littéraires.

Nous demandons maintenant si les travaux des différents membres qui composent les sociétés d'agriculture, n'en procureront pas le rétabliſſement, s'ils ne donneront pas de reſſort au commerce, & si les arts n'en recevront point leur perfection? C'eſt de quoi l'on ne ſçauroit douter raiſonnablement, & l'on en peut juger par l'état floriſſant où ſe trouvent ces différents objets dans les lieux où de pareilles ſociétés ſont établies.

S'il y a lieu de s'étonner, c'eſt que l'idée n'en ſoit pas venue plutôt, lors ſur-tout que nous en avions une eſpèce de modèle dans l'académie de Lyon. Il eſt vrai que, conformément à ſon inſtitution, cette académie s'occupe moins, particulièrement de l'agriculture, que de ce qui regarde les manufactures, le commerce, la navigation, &c. & c'eſt à cette eſpèce de préférence donnée au commerce qu'il faut en partie attribuer chez nous le dépériſſement de l'agriculture. Nous avons mis la conſéquence avant

le principe , sans songer qu'où il n'y
a pas de principe , il ne peut y avoir de
conséquence.

Louis XIV , aussi grand dans la connoissance des avantages qui pouvoient
résulter des sciences & encore plus des
arts utiles, que dans ses exploits guerriers,
crut ne devoir commencer que par réveiller & étendre le commerce qui étoit
resté, comme les autres choses, dans des
bornes étroites, & qui étoit même devenu
inactif. Cet objet important , il est vrai,
mais qui devoit être appuyé sur l'agriculture & sur les arts méchaniques, fut le
seul qui occupa le monarque.

Si les productions du sol eussent attiré
de même son attention , l'on eût vu se
former des sociétés d'agriculture, comme
l'on vit s'établir le conseil (a) royal du
commerce. On sçait que chacune des
chambres placées à Marseille en 1650,

(a) Ce conseil est composé des principaux officiers de
l'état & de plusieurs autres personnes de considération.

à Dunkerque en 1700 , à Bayonne en 1701 , à Lyon en 1702 , à Rouen & à Touloufe en 1703, à Montpellier en 1704, à Bordeaux en 1705 , à la Rochelle en 1710 , à Lille en 1714 , à Nantes & à S. Malo en 1726, députe un de fes membres auprès de ce confeil, pour y faire le rapport des mémoires fur les objets utiles que chacune des chambres refpectives adreffe pour la propagation du commerce.

Cette correfpondance fi fagement établie entre le gouvernement & les négociants anima le commerce, & lui affura toute la protection dont il avoit befoin, en même temps qu'elle étendit les lumières de ceux qui le protégèrent.

L'amélioration & la perfection des manufactures, l'accroiffement du commerce & de la navigation françoife, furent des fuites de cet établiffement, ainfi que l'avoit prévu le fage miniftre (*a*) de la

____

(*a*) M. Colbert.

France,

France, sous ce grand roi. Ce fut dans ces temps que l'état trouva de grands se-cours (a) dans les commerçants : les né-gociants de S. Malo outrés, ainsi que toute la France de la demande qu'on fai-soit à Louis XIV au congrès de Gertruy-demberg, de fournir des troupes pour arracher la couronne d'Espagne à son petit-fils, ramasserent tous les profits qu'ils avoient faits dans le commerce des colonies Espagnoles en Amérique & ap-portèrent aux pieds du roi trente-deux millions en or. Cette somme, dans un temps où les finances étoient épuisées, mit en état de soutenir la guerre & pro-cura la paix d'Utrecht en 1712. Mais ce que nous avons dit qui pouvoit soutenir le commerce dans ce degré d'extention, & même l'étendre encore, n'étoit pas en

---

(a) Ce secours s'étoit trouvé encore autrefois dans Jacques Cœur ; ce marchand de Bourges, par l'étendue de son crédit, procura les moyens d'humilier la maison de Bourgogne, & d'assurer la couronne de France à l'hé-ritier légitime (Charles VII) & par ce dernier, aux bran-ches de Vallois & de Bourbon qui lui ont succédé.

état de l'alimenter. Auſſi eſt-il tout-à-
coup retombé dans ſon premier état de
langueur.

En 1724, l'Angleterre voyant que la
France lui refuſoit les objets qui lui
étoient néceſſaires, dont elle avoit cependant accoutumé, juſqu'alors, de s'appro-
viſionner dans nos ports (a), conçut l'i-
dée d'éviter de ſe tirer de ſervitude relativement à cet objet. Il ne lui fallut pas de
longues réflexions pour reconnoître que
l'art, qui étoit le fondement de tous les
autres, l'agriculture étoit le pivot ſur lequel devoit rouler le commerce. Le commerce d'importation qui dominoit malheureuſement ſur l'autre, avoit fait fer-
mer les yeux à cette vérité : à peine fu-
rent-ils ouverts que l'on s'occcupa des
moyens de donner au ſol toute ſa fertilité.

(a) La prohibition de l'exportation des grains en 1721.
Lorſque cette exportation étoit permiſe en France,

Thomas Culpeper ne pouvoit s'imaginer comment le bled
de France pouvoit être à ſi bon marché en Angleterre, &
d'un prix inférieur à ceux de ce royaume. *Voyez ſon
Eſſai ſur l'uſure.*

» Un peuple (les Anglois) aveugle fur
» fes intérêts en grand, dit *M. de Mira-*
» *beau*, puifqu'il femble vouloir envahir
» toutes les richeffes de l'univers ; mais
» éclairé dans l'art des profits , autant
» qu'on peut l'être par cette voie, conçut
» enfin que le commerce (*a*) ne peut être
» qu'un trafic toujours dépendant de ceux
» qui achètent pour leur ufage , s'il n'a
» pour bafe une production forte, conti-
» nuelle & dont les fruits affurent un
» utile changement.

» Ce peuple commença à appercevoir,
» *pourfuit-il*, que l'agriculture eft la feule
» manufacture où le travail d'un feul
» ouvrier fournit à la fubfiftance d'un
» grand nombre d'autres , qui peuvent
» vacquer à d'autres emplois , que c'eft
» la feule pour laquelle la nature tra-
» vaille nuit & jour, dans le tems même
» du repos de ceux qui ont déterminé

______

(*a*) Voyez fon mémoire adreffée en 1759 à la fociété
d'agriculture de Berne en Suiffe, & rapporté dans le journal de cette fociété , page 227, deuxième partie.

» fon action vers l'objet de leurs travaux.

» Ce n'étoit voir qu'un foible côté de
» fes avantages, mais c'en fut affez pour
» déterminer cette nation, toujours occu-
» pée du foin de prévaloir, à tourner
» une partie des vues du gouvernement
» vers les avantages de l'agriculture, tan-
» dis que l'efprit de liberté, fi cher & fi
» naturel à ces peuples, engageoit les
» notables à y répandre les richeffes, &
» à prendre part à fes travaux, au milieu
» defquels ils faifoient leur féjour le plus
» ordinaire «.

Tels ont été les motifs qui ont engagé
le gouvernement Anglois à travailler au
rétabliffement de l'agriculture ; & à ce
rétabliffement ils ont eu la précaution
de joindre auffi celui des arts relatifs.

A peine marchèrent-ils dans cette car-
rière, que la fociété établie à Londres,
fous Charles II, en 1660, ainfi que celle
établie à Edimbourg, ne leur parurent point
des véhicules fuffifans pour l'exécution
de leurs vues, quoique ces deux fociétés

s'appliquaſſent à des objets d'agriculture, auſſi bien qu'à la phyſique & à la médecine (*a*). Ils regardèrent comme indiſpenſable l'établiſſement d'autres ſociétés dont les travaux euſſent pour but unique la recherche de la meilleure culture, & des moyens d'animer le commerce & les arts.

Alors s'établit à Dublin, capitale de l'Irlande, une académie ſous le nom de SOCIÉTÉ D'AGRICULTURE; c'eſt cette ſociété qui, avec celle établie enſuite à Clarc (*b*), fait la richeſſe de l'Irlande.

Quelque-temps après on a fait un ſemblable établiſſement à Edimbourg, capitale de l'Ecoſſe, autre royaume d'Angleterre, & Londres, enfin, a vû naître auſſi dans ſon ſein une ſociété, du même genre.

Ces ſociétés n'ont pas été les ſeules

____

(*a*) Voyez les tranſactions philoſophiques ou les mémoires de ces académies, ils ne prouvent que trop ce que l'on avance.

(*b*) C'eſt la capitale d'un comté de l'Irlande.

qui se font occupées d'objets d'une auffi grande utilité ; des partriotes zèlés pour le bien public, ont cherché à procurer l'avancement de l'agriculture & des arts méchaniques, ils ont compofé entre eux de ces fociétés, & chaque membre s'eft efforcé de s'y diftinguer par les inventions, les recherches & les expériences.

» Naturellement inventifs & féconds
» fur les expériences, dit *Carlencas* (a),
» les Anglois traitent l'agriculture com-
» me ils manient la phyfique ; exacts fcru-
» tateurs de la nature, ils la fuivent pas
» à pas, ils obfervent curieufement tou-
» tes fes démarches, & font ufage, avec
» une fagacité merveilleufe, de ce qu'ils
» ont puifé dans une fçavante théorie «.

Il étoit tout naturel que feu le roi (Georges II) voyant l'agriculture & le commerce, &c. faire de fi grands progrés dans fon royaume, fongeât à em-

____

(a) Voyez l'effai fur l'hiftoire des belles-lettres, page 300, tome III.

ployer les mêmes moyens pour les faire fleurir dans fes états héréditaires. Ce furent ces motifs qui le déterminèrent, en 1751, à établir la fociété des fciences à Gottingen, électorat d'Hanovre ; & quoique cette fociété foit connue fous le titre de fociété des fciences, fes membres s'appliquent, cependant, aux objets œconomiques (*a*).

Jufques à la mort de Charles XII, la Suede ne connoiffoit que les armes ; mais bientôt après, les Suédois s'apperçurent que le foc de la charrue n'étoit pas moins utile, ils fe tournèrent donc à l'agriculture, & on vit naître auffi-tôt l'académie de Stockolm, dont un des principaux objets qu'elle a approfondi eft celui-ci.

Ce fut fur de pareilles confidérations que le roi de Sardaigne établit, à Turin, le collège d'agriculture.

Outre le confeil d'œconomie, établi

(*a*) En effet, on y diftribue tous les fix mois un prix pour une queftion œconomique.

déjà à Copenhague en Dannemarck, on établit encore à Chriſtiania, capitale de la Norwège, un collège d'agriculture à l'inſtar de celui de Turin.

En 1753, à Florence un particulier crut ne pouvoir mieux faire que de ſacrifier ſa fortune, pour l'établiſſement d'une académie d'agriculture, ſous le nom de *Georgeſili.*

La France s'apperçoit enfin, & de l'erreur dans laquelle elle étoit plongée, & de la néceſſité de la réparer, à l'exemple de ſes voiſins. Il eſt temps encore d'ouvrir les yeux ; peut être un peu plus tard apperçu, le mal eût-il été incurable.

Les malheurs des temps ſemblent avoir changé ſes terres labourées en forêts, ſes prairies en marécages, ſes fermes en mazures. Le cultivateur & l'artiſte, à force de gênes & de ſurcharges, ſont ſans aiſance ; on voit même le nombre de ces deux eſpèces précieuſes de citoyens ſenſiblement diminué, & ce qu'il en reſte, croupit dans l'inaction, découragé par la misère, qui abâtardit l'activité naturelle à notre nation.

Espérons tout de la lumière qui commence à se répandre. Ses rayons vivifians ont déjà pénétré dans une de nos plus grandes provinces, & c'est à la Bretagne qui, depuis qu'elle est annexée à la France, a donné, dans tous les temps, des marques de son amour & de son juste attachement pour son roi, qu'est dû l'honneur d'avoir formé l'établissement de la première *société d'agriculture*.

A son exemple, l'on a jetté les yeux dans tous les autres cantons du royaume, sur l'état de dépérissement dans lequel se trouvent l'agriculture & les arts relatifs. Le zèle particulier semble être rené de ses cendres, à la vue du mal général, & l'on ne voit déjà par-tout que zèlés patriotes qui s'empressent de publier d'utiles instructions, pour le rétablissement des forces essentielles de l'état.

L'ami des hommes, ou plutôt *l'ami des François*, a fait un des premiers éclater

fa voix. » *Aimez , chériffez l'agriculture ,*
» dit M. de Mirabeau , *& les richef-*
» *fes fuivront de près vos travaux* « Duha-
mel, qui l'avoit devancé, en nous offrant
la traduction d'un Anglois, avoit établi
de nouveaux principes ; fon zèle ne s'en
eft pas tenu là. Après avoir reconnu les
difficultés qui s'oppofoient à ce que ces
principes puffent être appropriés aux différents fols des terroirs de la France : il
a établi des correfpondants qui ont répété
fes expériences , il a fuprimé , augmenté
fur leurs avis ce qui n'étoit pas convenable , & a publié plufieurs volumes d'obfervations par lefquelles il réforme les
principes qui ne pouvoient avoir leur
exécution. On a vu depuis fe répandre
fucceffivement dans le public une infinité
d'écrits , tant nationaux qu'étrangers ,
fur les trois parties effentielles de la profpérité d'un état.

Ce qui doit augmenter encore le goût
pour le premier des arts & la conviction
de fes avantages, c'eft le tableau riche &

fatisfaifant qu'offrent ces campagnes rian-
tes & fleuries de l'Angleterre, fes atteliers
nombreux, ceux de la Hollande, de la
Suede, de la Ruffie, de la Suiffe & du
Brabant, ces ports jonchés de vaiffeaux,
ces reffources perpétuelles que puifent
ces états, & dont les facultés, il n'y a
pas long-temps, étoient auffi peu étendues que leurs bornes.

Ci-devant, en Angleterre, de vaftes
campagnes ftériles, & manquant de cultivateurs, n'offroient aux voyageurs qui
les parcouroient, que des déferts affreux;
en Hollande, des plaines aquatiques,
n'offroient à celui qui voguoit en trem-
blant fur ces eaux, que les images d'un
pays prêt à être fubmergé, & des pâturages ingrats; en Suiffe, des montagnes
élevées & défertes, étoient, pour ainfi
dire, l'affiche hideufe de l'indigence.

Si la toile du tableau eft encore la même aujourd'hui, l'ordonnance, le deffein
& le coloris font bien changés, & ces
lieux peints aujourd'hui par l'agriculture,

offrent, au regard du voyageur émerveillé, l'image de l'abondance. Ces champs stériles font cultivés, ces terres incultes font devenuee fertiles, ces marais font changés en gras pâturages, ces peuples ne font plus intimidés par les eaux qui fembloient vouloir les engloutir autrefois, & ces riches campagnes, ces belles manufactures font remplies de cultivateurs & d'ouvriers vivants dans l'aifance.

C'eft après une métamorphofe femblablable qu'a foupiré la Bretagne. S'il eft vifible que cette province a pofé d'une manière ftable, la première pierre de fon bonheur, en formant une fociété d'agriculture dans fon fein : combien aveugle ou fenfible auroit-il fallu être au bonheur du refte des citoyens de la France, pour attendre que les lumières des fociétés d'agriculture d'Angleterre, ainfi que celles des autres états & de la province même de Bretagne, fuffent feules venues écláirer l'agriculture du refte du royaume. Chaque province, chaque paroiffe ayant un fol, des ufages & des befoins différents , il étoit naturel que l'on multipliât ces établiffements fi utiles. Ils le font, & c'eft à quoi tout François ne fçauroit trop applaudir.

Le miniftre de la marine (M. Berryer) attentif à la profpérité de l'agriculture , reconnut qu'il étoit indifpenfable d'établir des chambres mi-parties d'agriculture & de commerce dans l'Amérique méridionale Françoife , aux ifles fous le Vent.

L'établiffement en fut fait par arrêt du confeil d'état du roi, du 23 Juillet 1759, il eft permis à ces chambres d'avoir un député à Paris à la fuite du confeil.

Un autre miniftre (*a*), homme éclairé, & dont le bien public , comme celui de fon roi, déterminent tous les fentiments, n'a pas cru devoir héfiter à s'occuper du rétabliffement de l'agriculture , du commerce & des arts méchaniques.

Au milieu des opérations importantes

_____

(*a*) M. Bertin , contrôleur général des finances.

& pénibles qu'il exécute, & dont les ré-
fultats qui paroiffent de temps en temps,
n'ont pour but que les rétabliffements
dont nous avons parlé, que la félicité
des peuples & que la fplendeur de l'état,
il a engagé l'augufte prince fous lequel
nous avons le bonheur de vivre, à ordon-
ner, dans les différentes provinces du
royaume, l'établiffement de *fociétés royales d'agriculture.*

Celle de Paris (*a*) fut établie par arrêt
du premier mars 1761, & des arrêts fuivants en ont établi dans la même année
à Tours, au Mans & Angers, à Bourges, à Riom, à Lyon, à Orléans, à Li-
moges, à Soiffons, &c. Il y a toute
apparence que de femblables établiffements fe feront fucceffivement dans les
autres provinces du royaume.

L'Artois, comme pays d'états, paroît dans

(*a*) On doit le plan de cet établiffement, ainfi que
celui de Tours, à M. le marquis de *Turbilly*, célèbre
par fon ouvrage fur les défrichements, & les autres à
meffieurs les intendants.

le deffein de fuivre le plan de la Bretagne (*a*).

Ces fociétés font compofées de perfonnes diftinguées par leur zèle & par leurs
lumières, & dans lefquelles le peuple doit
avoir de la confiance : elles font choifies
dans les trois états, & chacune en particulier, s'occupe à rechercher les *caufes de la
décadence de l'agriculture, du commerce &
des arts méchaniques, ainfi que les moyens
de les ranimer.*

Toutes ces fociétés feront égales &
uniformes, elles marcheront fur la même ligne, fans s'écarter de leur objet,
elles correfpondront enfemble & adreffe-
ront leurs délibérations fur le fait de l'a-
griculture, ainfi que tous les mémoires
qui y feront relatifs, à M. le contrôleur
général, pour fur le compte qui en fera
par lui rendu à fa majefté, être par elle
pourvu ce qu'il appartiendra.

(*a*) L'idée de l'établiffement de Bretagne eft due à
l'excellent mémoire de M. de Montaudouin de Nantes,
& le plan de celui à faire en Artois au patriote Artéfien,
livre qui a été publié au commencement de la préfente
année 1761, & qui a mérité les éloges du public.

» Ces compagnies, dont la liberté fera
» l'ame, l'honneur & la baze, *dit M. le*
» *marquis de Turbilly* (a), auront bien
» plus de crédit, de confidération & de
» poids pour les faire valoir, qu'un par-
» ticulier, quelque confidérable qu'il foit,
» animées de l'amour de la patrie & de
» l'intérêt public, elles viendront à bout
» des entreprifes les plus difficiles, quoi-
» qu'elles n'aient d'autorité que celle de la
» perfuafion. Lorfque le gouvernement
» jugera à propos de les confulter, il
» pourra compter fur leurs bonnes inten-
» tions & fur la vérité qui dictera toujours
» leurs avis «.

Ces fociétés, enfin, ne formeront, en
quelque façon, qu'une feule & même fociété, en ce qu'elles fe communiqueront
mutuellement leurs découvertes, & feront toujours occupées de l'amélioration
du royaume.

(a) Voyez fon mémoire ou obfervations, lu à la fociété
de Paris, le 10 feptembre 1761, pag. 4.

Les

Les obſervations ſeront publiées; comme l'ont été celles de Bretagne & des
pays étrangers, & l'on peut entrevoir aiſément tout ce qu'il en réſultera d'avantageux.

Les plans, les projets que ces aſſociés
ſe propoſent & ſe ſont répartis pour expérimenter, devroient être exécutés auprès
des ſociétés & ſous les yeux du corps;
» parce qu'il eſt plus difficile, & par con-
» ſéquent plus rare, *dit l'eſtimable auteur*
» *de l'école d'agriculture* (a), qu'un corps
» adopte ce qui n'eſt que ſyſtématique &
» de pure opinion. Si quelques membres
» s'obſtinoient, malgré l'avis du corps, à
» ſuivre des idées différentes ou oppo-
» ſées, le public ne pourroit qu'y gagner.
» Une opinion diſcutée & contredite ne
» peut avoir de ſuites dangereuſes, la
» vérité prend toujours le deſſus. La diſ-
» cuſſion peut même conduire à des vé-
» rités nouvelles, qui ont beſoin d'être

____

(a) Page 59, édition de 1759 *in-16*.

» preſſées pour ſe montrer «. Ces expériences devroient enſuite être répétées
ſous les yeux des agriculteurs, des commerçants & des artiſtes, afin de détruire
chez eux cet eſprit de prévention qui les
a ſéduits depuis ſi long-temps ; la réuſſite,
enfin, les détermineroit ſans doute à
abandonner de mauvais préjugés, une
fois arrachés à leur préoccupation, & en-
couragés par les moyens que ſe propoſe
le gouvernement (a), les lumières que
répandront les ſociétés éclaireront alors
ſuffiſamment ces agriculteurs, ces commerçants & ces artiſtes, & elles auront
l'efficacité qu'on doit en attendre ; mais à
des projets ſi vaſtes & ſi grands, il faut joindre des répétitions d'expériences, & ce
grand nombre d'expériences exige du
temps.

Les ſociétés établies ne feront pas les

(a) La décharge d'une partie des impôts, & le retour
de la liberté dans ſon ſiége, au milieu de l'induſtrie, ſont
les fructueux encouragements qu'en ne peut ſe laſſer de
continuer à prodiguer.

uniques fources de lumières, différents
citoyens, gens précieux & malheureufement rares, ne ceffent de s'appliquer,
comme les membres des fociétés le font
aujourd'hui, aux mêmes travaux ; mais,
à mefure que les objets d'étude fe multiplient, il eft vifible que la fcience devient
de même plus difficile.

On ne peut d'abord, fans foins & fans
une dépenfe peut-être trop confidérable,
raffembler les mémoires où fe trouvent
rapportées les expériences des particuliers
que nous venons d'indiquer, ainfi que la
quantité volumineufe d'ouvrages françois & étrangers relatifs à la perfection
de l'agriculture & des arts.

On ne peut enfuite en retirer tout l'a-
vantage defiré, foit parce qu'ils ne font
pas traduits, foit parce qu'ils le font mal,
foit à caufe du tems trop confidérable
qu'il faudroit donner à une lecture ré-
fléchie.

Ces confidérations nous ont engagés à
employer nos foins & nos veilles à les

raſſembler , à les mettre en ordre , & à y ajoûter même, ce que nos foibles lumiè-res nous feront croire néceſſaire pour jetter de la clarté , pour développer les principes , & les rendre d'une intelli-gence, & par-là d'une utilité générale.

Le corps complet d'agriculture que l'An-gleterre nous avoit préſenté , & celui que l'Eſpagne avoit entre ſes mains de-puis long-temps (a),ont été notre bouſſole; mais comme les principes & les opéra-tions , &c. renfermés dans ces ouvrages

(a) Celui d'Angleterre a été publié à Londres en 1750 par une ſociété de perſonnes célèbres, ſous le nom de *Compleat Body of husbandy , in-fol.*, l'ouvrage intitulé en France *Le Gentilhomme Cultivateur*, & dont les premiers volumes viennent d'être délivrés, en eſt la traduction ; mais malheureuſement le traducteur , au lieu de publier cet ouvrage excellent dans ſon genre tout ſimplement , a crû devoir y faire entrer différentes obſervations & mémoires, qui ont embrouillé ſi fortement ce même ou-vrage Anglois, qu'il n'eſt plus poſſible d'y puiſer ce qu'on y avoit établi d'utile & d'admirable en Anglois.

Le corps complet d'agriculture d'Eſpagne a été fait par Jean Ferrera , par ordre du Cardinal Ximenès. Cet habile écrivain y a joint un recueil conſidérable d'objets impor-tants concernant l'agriculture qu'il a puiſé dans tous les ouvrages anciens & modernes, ſes obſervations particu-lières , & les expériences qu'il avoit répétées depuis long-temps y ont également eu places.

admirables , ne pouvoient convenir en particulier aux fols , aux climats & aux coutumes de la France , & que beaucoup d'objets importants ont échappé à leurs auteurs, nous avons cru devoir préfenter *un corps complet d'agriculture* , &c. fous un tout autre plan ; c'eft ce qui nous a déterminés à publier un *Profpeɛtus* au mois de Juillet dernier , dans lequel nous avons expofé le plan que nous avions médité ; les premières parties de notre ouvrage ont paru vers la fin de feptembre fuivant , fous le titre d'*Agronomie & Induftrie* , ou *les principes de l'agriculture du commerce & des arts réduits en pratique.* L'accueil favorable qu'ils femblent recevoir journellement du public , eft bien capable d'exciter notre zèle.

Nous avons fenti qu'il manqueroit quelque chofe à notre ouvrage , fi nous n'expofions pas en général aux yeux du public, les différentes découvertes publiées journellement par les fociétés d'agriculture , tant françoife qu'étrangères. Cette considération nous a fait annoncer une quatrième partie où cet objet se trouveroit rempli. Non-seulement tous nos lecteurs seront instruits de tout ce qui peut les intéresser, mais encore nous mettrons ceux d'entr'eux qui sont éclairés à portée de nous fournir des observations & des mémoires sur les objets annoncés. Nous ne doutons point que l'amour du bien public, dont nous ne prétendons pas être seuls animés, ne nous fasse procurer ce secours au moyen duquel nous présenterions ces mêmes objets d'une manière plus digérée & plus approfondie, lorsque l'instant seroit venu d'en parler & de leur faire occuper la place que leur marque notre plan de distribution. Nous avons d'autant plus lieu de nous flatter qu'on ne se refusera point à nous donner des lumières, que nous ne pouvons partir que d'après les connoissances acquises, & qu'il est beaucoup de principes qui n'ont point été approfondis. La méthode à laquelle nous nous sommes astreints, exigent que

nous fuivions pas à pas, un principe jufqu'à
fa dernière fubdivifion ; ce ne feroit pas
une grande difficulté, & cela ne deman-
deroit qu'une application dont nous fommes capables, fi les différents auteurs
avoient été obligés d'être auffi méthodi-
ques que nous. Mais, libres de traiter tels
ou tels objets, ils n'ont d'abord approfondi que ceux qu'ils poffédoient le
mieux, & ils en ont agi de même enfuite, relativement à la face de ce même
objet, choififfant celle qui leur plaifoit
le plus, & s'arrêtant où ils vouloient. Auffi
n'eft-il pas rare de trouver des chofes fort
difcutées, & fi difcutées même, qu'il y a
une perte de temps réelle à lire des opinions tout-à-fait femblables, & d'autres
qui font à peine effleurées. Il y auroit de
l'injuftice à exiger que nous préfentaf-
fions ces derniers objets fous un jour plus
grand & plus décidé que ne le préfentent
les maîtres de l'art, à moins qu'on ne
nous donne des notions particulières ;
car, nous le répétons, nous ne préten-

dons pas découvrir, mais tenir un état général, méthodique, exact & clair de ce qui a été découvert. Nous donnons donc, dans la double vue d'inſtruire & d'être nous même inſtruits, cette quatrième partie, ſous le titre de *Corps général d'obſervations*.

Puiſque nous n'avons que le bien public en vue, nous ne craindrons pas de nous humilier, en avouant que nous ne devons la totalité de notre ouvrage, qu'aux lumières de nos concitoyens & à celles des étrangers; d'ailleurs la gloire d'être bornés au deſir de contribuer, par nos travaux, à la félicité des peuples, ſemble nous dédommager de la privation de celle attribuée à l'eſprit créateur.

L'AGRONOMIE

L'AGRONOMIE

ET

L'INDUSTRIE,

OU

Corps général d'observations, faites par les sociétés d'agriculture, du commerce & des arts, établies en divers pays, avec des questions sur les éclaircissements nécessaires à l'intelligence des différents principes.

INTRODUCTION.

QUELQUE loin que l'on soit allé dans la découverte des principes de l'agriculture, du commerce & des arts, & quelque considérable que soit le nombre des principes découverts, il est certain qu'il

en reſte encore beaucoup à trouver, dont
l'invention mettra néceſſairement à portée d'établir des méthodes avantageuſes.

On doit regarder comme d'autant
plus heureuſes, les découvertes que l'on a
faites, & que l'on fait journellement,
qu'elles ſont une double ſource de richeſ-
ſes, en ce qu'elles n'indiquent pas ſeulement des procédés d'opérations, mais encore des règles de conduite politiques
capables de donner de l'aſſurance & du
reſſort à l'induſtrie des propriétaires.

Le cultivateur, le commerçant & l'artiſte n'ont ſuivi juſqu'ici, comme nous
l'avons déjà dit, qu'une routine aveugle.
Ils ont toujours marché d'après des principes qu'ils ne connoiſſoient qu'imparfai-
tement, & qu'il leur importoit cependant de connoître à fond. Avec des notions plus préciſes & plus étendues, ils
auroient non-ſeulement évité de doubler
leurs travaux & leurs dépenſes, & aſſuré
leurs ſpéculations; ils auroient encore
tiré un meilleur parti de leurs terres, de

leurs entreprises & de leurs manufactures.

A de fausses idées est venue se joindre,
si nous osons ainsi parler, la privation
d'idées. Le laboureur & l'artisan ont regardé leurs travaux comme dépendans
plus des bras que de la tête, & le commerçant a fait au hazard l'honneur de la
plus grande partie de sa réussite. Dès-lors
le laboureur n'a cultivé que pour ses besoins les plus pressans, le commerçant
s'est arrêté à un commerce peu étendu,
intérieur & tranquille, & l'artisan n'a travaillé que pour vivre : le découragement
les a tenus, ainsi enchaînés, dans une inaction profonde.

Aujourd'hui que le gouvernement attentif cherche à dissiper les causes destructrices
de ces différents objets, en rendant la
liberté & l'aisance, il y a tout à espérer
de les voir reprendre vigueur. Les découvertes faites par différentes sociétés,
jettent de toutes parts les fondements
d'un meilleur édifice, & il ne manque

plus pour voir ces matériaux précieux mis en œuvre, que de les faire connoître aux agriculteurs, aux commerçants & aux artistes, & que de leur montrer dans les avantages d'une meilleure pratique, combien ils font intéressés à s'arracher à l'inaction & au préjugé.

Quoique les principes nouvellement découverts, & une grande partie de ceux que l'on avoit déjà, femblent être, pour ainfi dire, circonfcrits & relatifs au fol, au commerce & aux arts des pays où ils ont été publiés, ils font néanmoins fufceptibles d'adaptation aux mêmes objets dans un autre lieu. S'ils n'ont pas été affez approfondis, ils mettent du moins fur la route de l'examen, & il ne refte qu'à perfectionner. Il n'y a donc aucun doute que leur connoiffance ne foit de la plus grande utilité. Mais comment fe la procurer, & tirer un petit nombre d'obfervations d'une quantité prefqu'infinie de feuilles, de brochures, de differtations, d'effais, de mémoires, &c. tant nationaux qu'étran-

gers ? D'un côté, la dépense pour se procurer ces ouvrages seroit immense, & de l'autre, elle seroit infructueuse par le manque
d'intelligence de la langue dans laquelle
la plûpart de ces observations sont écrites.

Un nouvel obstacle vient encore s'opposer au progrès de la lumière , & ce
nouvel obstacle se trouve dans le manque
de précision. Quoique les principes & les
méthodes soient indiqués déterminément
pour chaque nature de sol , de climat ;
cette indication a , pour le plus grand nombre , tout le caractère d'une notion vague
& indécise par le défaut de description
précise de ces sols, de ces climats , &c.
Les noms employés dans une langue pour
exprimer une nature de sols , ne se trouvent point toujours réveiller une idée
parfaitement similaire avec les noms qui
leur correspondent dans une autre langue , de sorte que l'expérience faite ici
avec succès, ne réussit point là-bas, parce
que dans le fait, les circonstances des
deux cas ont été différentes. Mais on ne

suppose point cette différence, & de là
le peu de confiance au principe, & le
dégoût. Le même inconvénient se trouve
dans la corrélation nominale des denrées,
des poids, des mesures des terres, qui
n'est pas toujours aussi complette & aussi
exacte qu'il seroit à desirer. Ces dénominations, proportions & indications incer-
taines ne peuvent qu'induire en erreur le
laboureur, le commerçant & l'artiste,
que nuire à l'établissement du principe,
& que retarder la propagation de ses
effets; par les désavantages qui résultent,
pour l'un, d'opérations infructueusement
tentées, & pour les autres, d'une fausse
spéculation ou d'un procédé dispendieux.

Nous nous sommes proposés, comme
ce qu'il y a de plus conforme à nos vues,
de rassembler ici tous ces objets épars çà
& là, & d'y joindre les réflexions & les
éclaircissements qui nous ont été adressés,
& ceux qu'on nous adressera. Nous en
attendons du dehors aussi-bien que du
dedans du royaume, & nous en rece-

vrons, enfin, de tous les pays où l'agriculture, le commerce & les arts sont en honneur. Différentes personnes ont cru pouvoir se permettre de proposer leurs difficultés sur plusieurs articles insérés dans les corps *d'observations*, *essais*, &c. des sociétés, dont elles ne peuvent en cela manquer de servir les desirs, puisque ces compagnies n'ont pour mobile que l'amour du bien public, & pour but que l'augmentation des lumières.

Nous donnerons la première place aux objets relatifs à l'agriculture, la seconde à ceux qui sont relatifs au commerce, & la troisième à ce qui concerne les arts.

Les matières approfondies par la société de Dublin marcheront toujours en tête. Cet honneur est dû à cette société comme à la plus ancienne des sociétés agronomiques. Cet exposé déterminera l'objet & amenera les expériences & les observations, soit par les autres sociétés, soit par d'autres particuliers; tout se trouvera ainsi rassemblé sous un même point de vue.

Nous terminerons enfin chacune de ces portions de volume, que nous publierons tous les deux mois, par quelques demandes sur des points qui ont besoin d'éclaircissements.

SOCIÉTÉ DE DUBLIN.

AGRICULTURE.

LA renaissance de l'agriculture est due à l'association laborieuse & patriotique de près de deux cens des principaux seigneurs d'Irlande, qui, se réunissant pour tirer cet art si noble de son assoupissement, formèrent la société de Dublin.

Cette société à peine formée, publia des résultats de ses opérations, & cette conduite est une des choses, qui a le plus accéléré l'amélioration de la culture.

Ses feuilles ont toujours paru, & continuent de paroître le mardi de chaque semaine. La première est du 4 janvier 1736. Elle ne contient que le plan que la société s'est proposé de remplir, & qui est assez ressemblant à celui des sociétés de France. Ainsi nous n'en dirons rien.

Feuille du mardi 22 février suivant.

Cette feuille est plus intéressante. On y voit que la société regarda *le lin* comme le premier objet digne de son attention , & crut devoir s'occuper de sa culture. Cette plante est en effet précieuse pour certains pays , à cause des différents emplois dont sa filasse & sa graine la rendent susceptible.

CULTURE DU LIN.

Parmi un grand nombre d'observations remises à la société par différentes personnes nationales & étrangères sur le lin (*a*) , il ne s'en trouva aucune qui lui parût mériter attention.

Les unes avoient été dressées sur des mémoires & des rapports de négocians & de marchands étrangers. Les autres par des personnes qui avoient des vues

---

(a) On appelle la graine de cette plante filamenteuse , *graine-linette.*

& un intérêt particulier à ne pas donner des instructions positives sur la meilleure façon de cultiver ; d'autres enfin avoient été dreffées par des perfonnes incapables de faire les recherches néceffaires dans les pays étrangers, où elles s'étoient tranfportées même aux dépens de l'état , pour prendre des inftructions. Celles que cette fociété publia au contraire dans cette feuille , étoient d'un de fes membres (*a*), auffi recommandable par fa fagacité que par fon mérite & fes talens , & en qui on pouvoit avoir une confiance d'autant plus aveugle , qu'il s'étoit attaché à cette branche de l'agriculture pendant le féjour qu'il avoit fait en Hollande & en Flandres (*b*).

Ses premiers & principaux objets ne roulent que fur le choix de la terre &

(*a*) M. K. W. M.

(*b*) Ses inftructions furent fi juftes , que ceux qui firent en conféquence des expériences dans le pays , en petit d'abord , & enfuite en grand , eurent tout le fuccès qu'ils s'étoient promis. En effet, ce royaume n'importe plus aujourd'hui aucune graine de lin étrangère.

de la graine, c'est par le premier que nous allons commencer.

De la nature de terre convenable à la production du lin.

Plusieurs personnes étoient, dans la persuasion, en Irlande, qu'il falloit semer le lin dans une *terre légère* ; l'auteur de ce mémoire regarde cette opinion comme une erreur, & essaye ainsi de le démontrer.

» Les terres *graveleuses*, *sablonneuses*, » dit-il, donnent à la vérité du lin fin » (filasse), mais c'est en petite quantité, » & la graine dégénère dès la première » ou seconde année au plus tard ; mais » au contraire dans les *terres glaises*, *pro-* » *fondes*, *fermes*, un peu *humides*, labou- » rées comme il convient (*a*), on re- » cueille une quantité de lin (filasse) » beaucoup plus considérable, & la grai- » ne en est supérieure en qualité «.

______

(*a*) Nous parlerons de la méthode qu'il propose, par la suite, pour les labours.

Notre auteur s'appuie sur ce qu'il avoit vu pratiquer en Hollande, où il se fait une semaille considérable de graine de lin.

» En effet, continue-t-il, on ne seme » que très-peu de lin dans les terres de » la province de Hollande même, dont » le terroir est léger & sablonneux ; mais » dans celle de Zélande, où le terroir » est au contraire composé de terres de » glaise, profondes, qui sont lourdes, » fermes & un peu humides, on recueille » d'aussi beau lin & d'aussi bonne graine » qu'il y en ait en Europe (a) «.

Cet habile associé ne rejette point pour

(a) Jusqu'à présent on a toujours estimé la graine de lin de *Zélande*, ainsi que celle de *Riga* (*) ; on a même préféré celle de Zélande ; en effet, elle se vend toujours plus cher que l'autre, & si les Hollandois importent chez eux de la graine de Riga, tandis que la leur vaut mieux, ce n'est pas qu'elle dégénere (comme on dit assez communément que toutes les graines de végétaux quelconques y sont sujettes) c'est pour servir les débouchés & fournir aux pays dont les terroirs sont sablonneux, tels que ceux d'une partie de l'Allemagne.

(*) Capitale de la Litonie en Livonie, sur la Dwina & la mer Baltique.

cela les autres natures de terres, il se borne à dire là-dessus, que les terres glaises sont certainement les meilleures, & que les autres ne sont bonnes qu'à proportion de la glaise qui entre dans leur composition ; il ajoûte encore que les terres les plus légères, particulierement les grasses, qu'il nomme *loams* (*a*), peuvent être utilement ensemencées, & enfin, que ce lin peut être, comme il a déjà dit, d'une qualité plus fine que tous les autres.

Dans une autre feuille, dont nous rapporterons le reste de la teneur par la suite (*b*), il donne pour constant que le lin réussit mieux dans une *terre neuve*, (c'est-à-dire, dans celle qui vient d'être défrichée) que dans une accoutumée à être travaillée, pourvu toutefois qu'elle

---

(*a*) Nous avons quelques instructions à prendre sur cette nature de terre ; c'est pourquoi nous en parlerons au chapitre des éclaircissements à prendre. *Voyez ci-après.*

(*b*) Feuille du mardi 9 mars 1736.

ât été suffisamment ameublie (*a*) par les labours (*b*).

On voit dans une autre feuille (*c*) l'exposé d'un examen des terres d'Irlande, fait par une autre membre de la société. Il y difoit que, comme la nature du fol de ce royaume différoit beaucoup de celui de la Province de Zélande en Hollande, & qu'il fe trouvoit une grande variété de terres graffes (qu'on appelle *loams*), ce que l'on ne trouve pas en Zélande, il croyoit convenable que les inftructions de la fociété fur cet objet intéreffant, fuffent appliquées plus particulièrement aufol du royaume.

(*a*) Par terre ameublie on entend une terre broyée & divifée à l'infini par l'opération de plufieurs labours fucceffifs faits en temps convenable, c'eft-à-dire, ni humide ni fec.

(*b*) Nous avons connoiffance par nous-mêmes de ce fait. En Flandres on fait des récoltes admirables de lin, dans les prairies & pâtures defféchées, les trois premières années de leurs défrichements, & fur-tout lorfque ces terres font de la nature de celles que cet auteur défigne, c'eft-à-dire, glaifeufes ou argilleufes, profondes, lourdes, fermes & un peu humides.

(*c*) Du mardi 15 avril 1736.

» On diftingue, dit-il, différentes efpè-
» ces de terres, qui différent l'une de
» l'autre par leurs éléments, leur couleur,
» leur confiftance & leur poids. Mais
» pour n'embraffer maintenant que les
» différences les plus confidérables, il les
» réduit toutes à deux principes géné-
» raux, le *fable* & la *glaife* (a), parce
» que la grande diverfité des terreins ne
» provient que du plus ou du moins d'a-
» bondance de ces terres primordiales,
» dans le mélange qui en eft fait par la
» nature ou par l'art «. Il vouloit enfuite
que l'on comprît fous la claffe des terres
fablonneufes, non-feulement les fables
purs, mais toutes les terres *graveleufes,
pierreufes, légères, défunies*, de couleur
de noizette, non poreufes, c'eft-à-dire,
qui ne retiennent pas l'eau; & fous celles
de terres glaifes, outre les efpèces les

(a) Cet affocié, éclairé d'ailleurs parfaitement fur différents objets, femble ici fe tromper, en admettant le
fable & la glaife pour principes généraux des terres. *Voyez
notre partie d'agriculture.*

plus

plus fermes qui méritent proprement ce nom, il vouloit qu'on rangeât la *marne*, la *craie*, & toutes les autres terres liantes & poreuses, c'est-à-dire, celles qui retiennent naturellement l'eau.

Le mélange proportionné du sable avec la glaise formoit selon lui, une terre propre à la végétation, qualité dont le sable & la glaise pris séparément étoient dépourvus. Ces terres ainsi mélangées devenoient encore, selon lui, des terres grasses, appellées *loams*, qui devoient donner les meilleures récoltes. Ces natures de terres ne produisent pas, il est vrai, indifféremment & avec abondance, toute espèce de graine. Les unes sont favorables à une espèce & les autres à une autre, suivant les différentes proportions de sable & de glaise qu'elles contiennent.

De même aussi différentes plantes demandent différents degrés de fermeté, de légereté, de chaleur & d'humidité, d'où il s'en suit qu'une terre grasse *loams* est propre pour l'une & ne peut convenir à l'autre.

Ce n'est pas tout, il ajoûte »que les » terres très-sablonneuses sont facilement » épuisées, & qu'elles fournissent peu de » nourriture, parce que le sable, qui n'est » qu'un amas de petits cailloux, n'en peut » donner (*a*), & que, quand il est mêlé » avec un peu de terre, il n'a pas assez » de substance pour fournir à la nutri- » tion d'une quantité abondante de vé- » gétaux, inconvenient qui ne se ren- » contre pas dans les terres glaises, qui » sont au contraire toutes nutritives «. Elles peuvent être divisées à l'infini, & devenir par leur finesse la nourriture des plantes (*b*). Il est vrai qu'elles ont de la disposition à se joindre, à se coller, à s'a-

---

(*a*) Il auroit dû entrer ici dans un grand détail sur les sables, car il y en a de différentes espèces. *Voyez notre traité d'agriculture.*

(*b*) C'est une erreur de croire que la terre glaise étant réduite dans les plus petites parties, nourrisse les plantes ; nous avons suffisamment démontré *le contraire* dans notre traité d'agriculture, en effet, la terre ne nourrit pas.

glutiner enſemble, & que dans cet état elles deviennent auſſi infructueuſes que le ſable dont nous avons parlé.

» Quelque différents que ſoient ces » défauts dans leur principe, ils ont les » mêmes ſuites, &, comme il l'a déjà » dit, la glaiſe pure eſt naturellement auſſi » peu propre à la végétation (*a*) que du ſa- » ble pur. La ſeule différence qu'il y ait, eſt » que tout l'art humain ne peut corriger » les ſables, ſans refaire en entier le ſol » en y mettant de la glaiſe ». Cette opé- ration eſt ſouvent impraticable, & en même-temps très-diſpendieuſe, au lieu

------

(*a*) » Cela vient, *eſt-il dit dans la traduction qui a pa-* » *reillement été faite à Rennes en Bretagne, & qui fut* » *publiée en 1759*, de ce que, 1° la glaiſe, par la liaiſon » étroite qui eſt entre ſes parties, retient les eaux du » ciel, & ne leur fournit pas de paſſage. Ces eaux ſont » donc obligées d'y ſéjourner, & par-la les ſemences doi- » vent ſe noyer ou ſe pourrir.

» 2° Quand ces ſemences auroient pu être dévelop- » pées, les parties de la glaiſe ſont ſi étroitement liées » entr'elles, & ſe durciſſent ſi fort à la ſurface de la terre » par la chaleur du ſoleil, qu'elles empêcheroient ces » ſemences de pouſſer au-dehors «. Ces raiſons ne ſont pas tout-à-fait les véritables ; nous les expliquerons plus parfaitement dans notre traité d'agriculture.

B ij

qu'on peut facilement répéter les labours fur les terres glaifes les plus gluantes & les plus tenaces, & les difpofer par-là à recevoir favorablement les préfens de l'athmofphère (*a*) , en mettant ainfi cette terre en état de coopérer à la végé-tation.

Cet auteur ajoûte que les fables brû-lants de l'Afrique & de l'Afie, refteront toujours fables incultes, au lieu que les glaifes profondes & compactes de la Zé-lande & de Riga , ainfi que celles des autres lieux , font devenues , & peuvent devenir des terres labourables, fructueu-fes & abondantes.

Il avoue enfuite que le fol fablonneux de l'Egypte, produit des denrées, mais il attribue cette fertilité aux bonnes terres que le Nil charrie deffus, en l'arrofant de fes eaux.

(*a*) Nous expliquons la nature & l'effet de ces préfents dans notre traité d'agriculture , mais l'auteur veut dire ici , la pluie, la neige, l'air, &c.

Il revient après en Irlande , où il ne trouve pas heureusement de ces terres fablonneufes ftériles. Les terres les plus légères font des terres graveleufes, qui y font de plufieurs efpèces. » Elles appro·
» chent par degrés des terres graffes
» *loams* , de différentes confiftances , &
» finiffent, enfin, par devenir terres glai-
» fes «.

Exceptant les terres marefques , il ne trouve fon fol compofé que de ces terres glaifes, de ces graviers & de ces terres graffes *loams* intermédiaires ; il prétend que fi ces terres marefques étoient deffé-chées & cultivées comme les autres , on pourroit les admettre au rang des terres graffes , parce que cette nature de terre eft d'une qualité de *loams* graffe , & qu'elle n'eft différente de l'autre dont nous avons parlé, qu'en ce que celle-ci eft inondée & abreuvée d'eau (*a*) ; mais comme ces terres

____

(*a*) Cela n'eft pas toujours vrai , il s'en trouve en Irlande comme en Flandres , &c. qui font d'une nature tour-beufe , &c.

B iij

ne font pas encore épuifées des eaux qui les fubmergent, elles ne font de nul rapport : il ne veut parler par conféquent que des deux autres efpèces felon l'ordre dans lequel il les a rangées.

» Les graveleufes font généralement
» féches , peu profondes , maigres. Elles
» ont de la difpofition à brûler dans un
» été bien fec , en quoi elles ne font pas
» propres à recevoir la femence du lin «.
Ces terres peuvent être mieux employées, en les mettant en pâturages pour les bêtes à laines. L'herbe qui y croîtra fera douce & courte , parce qu'elle n'y trouvera pas beaucoup de fubftance pour s'accroître & fe fortifier , attendu le défaut d'humidité ; mais il feroit inutile de confier à ce terrein la femence du lin , ou de toute autre graine en les femant , lorfque le printemps eft avancé , c'eft-à-dire , vers le commencement de la belle faifon , attendu que ce même défaut d'humidité les empêcheroit de fructifier.

En Livonie , dans la Courlande , en

Moscovie, & dans les cantons des environs de Riga, le sol est sablonneux & léger, mais malgré cela il est gras & mêlé entierement de glaise ; & ce terrein d'ailleurs est différent de celui des terres graveleuses de l'Irlande. D'un autre côté, ces terres sont couvertes de neiges pendant cinq à six mois de l'année, & vers le mois d'avril, lorsqu'elle fond, ces terres reçoivent une humidité qu'elles conservent, ce qui les rend fécondes (a).

A ces neiges fondues succédent des chaleurs considérables, qui ne contribuent pas peu aussi à cette fécondité. L'Irlande n'a pas ce même avantage, & le climat sous lequel elle se trouve est bien différent. Si l'on y desire ensemencer les terres graveleuses qui ne peuvent retenir l'eau, on est contraint de leur porter un engrais de marne, de chaux ou de mottes maresques, &c. afin de les conserver dans

____

(a) Ce n'est point là la vraie cause. *Voyez notre traité d'agriculture.*

B iv

l'humidité. Au moyen des mélanges que l'on fait avec ces engrais, on forme, il eſtvrai, de bonnes t erres graſſes de diffé-rentes qualiiés , ſuivant la quantité & la bonté plus ou moins grande de l'engrais qu'on y a apporté ; mais ces terres n'éga-lent jamais les terres glaiſes , ou les terres graſſes que la nature a préparées par elle-même; & elles ne ſont pas en même-temps auſſi propres à la production du lin.

La terre glaiſe que l'on trouve dans la plus grande partie de l'Irlande , eſt ordi-nairement & naturellement humide, & & c'eſt à cette eſpèce de terre à laquelle on doit la richeſſe du Pays, par la raiſon, déjà dite par notre auteur, que tout ter-roir, pourvu qu'il ſoit mêlé de glaiſe, eſt toujours bon , en raiſon de la quan-tité de cette terre qui s'y trouve conte-nue; ſi le labour en eſt pénible, elle mé-rite les ſoins que l'on ſe donne, puiſque ſi on les cultive comme il faut, elles por-tent les moiſſons les plus abondantes. Il ne ſe trouve jamais que les terres gluan-

tes, visqueuses, tenaces, sans mélange,
qui offrent des obstacles, lorsqu'il s'agit de
les ameublir, parce qu'il faut nécessairement leur apporter des engrais en quantité, & essuyer des peines infinies pour
les réduire. Pour cet effet, il faut leur
procurer du sable ou gravier, &c. on
parviendra par ce moyen à en rendre la
culture fort facile, & à diminuer la forte
cohésion de leurs parties que la seule pa-
tience d'un Zélandois peut dompter.

De tout ce qu'il vient de dire, il résulte, poursuit-il, qu'il est avantageux
qu'aucune des terres de l'Irlande ne soit
absolument pure, & privée de sable, mais
qu'elles approchent toutes au contraire
des terres grasses *loams* ; ces dernières
sont très-communes dans le royaume, où
la plûpart des pâtures sont d'un terreau
profond, noir, formé d'une quantité infinie de terres glaises, divisées par un
mélange de quelque peu de sable. Il cite
ensuite le terroir des marais des provinces
de *Clare*, de *Limerick*, de *Tipperar*

& de *Kerry*, parce qu'il est de cette nature. Il semble, dit-il, que ce sont de nouvelles terres apportées, charriées dans ces plaines maresques par les eaux des rivieres & de pluie qui les ont enlevées sur les montagnes, sur les côteaux & de dessus les plaines plus élevées que celles-ci. Ces terres enlevées (qu'on appelle en Flandres *coulins*, en France *vase*, *limon*) sont des parties atténuées de glaise, d'argille, de sable & de coquillages. Ces terres étant ensemencées, sont d'un grand produit. Cet exemple de mélange qu'offre la nature, semble inviter le cultivateur industrieux à former des terres grasses artificielles, à l'instar des naturelles que l'on vient de citer, c'est-à-dire, en mêlant de la glaise avec du sable ; mais, comme on l'a déjà dit, de telles opérations exigeroient beaucoup de dépenses. L'on est heureux lorsque la nature forme par elle-même ce mélange ; il ne faut pas amasser d'engrais pour ces terres grasses naturelles, & il suffit de les labourer par-

faitement. Après avoir donné quelques
raisons pour engager à ces labours, dont
nous parlerons ailleurs, il revient à dire,
» que d'après cet examen succinct des ter-
» res d'Irlande, elles font toutes propres à
» la culture du lin & de fa graine, fi
» l'on en excepte celles qui font grave-
» leufes.

» En effet, conclud-il, les pays qui
» nous fournissent à préfent la linette,
» font des terreins gras, fablonneux, ou
» des terres glaifes, profondes & com-
» pactes (*a*). Nous poffédons de plus tou-
» tes les terres graffes de différentes con-
» fiftances qui font entre ces qualités ex-
» trêmes, & nous avons par conféquent
» l'avantage fur quelques-uns de ces pays
» par la fertilité de nos terres, & fur les
» autres par un labour moins pénible. Il
» y a dans cette ifle une heureufe variété

(*a*) En d'autres endroits de ces feuilles on a vu qu'il
dit que la Zélande a un fol argilleux, profond, ferme &
humide, qui eft la raifon pour laquelle on y recueille de
fi beau lin : il confond facilement la glaife avec l'argille.

» de fols & de fituations : les terres baffes,
» humides & profondes, produiront dans
» les étés les plus chauds ; les terreins éle-
» vés, & les terres graffes & plus féches
» rapporteront dans les faifons froides &
» humides «.

Il finit enfin par dire qu'il ne prétend pas diffuader d'employer les glaifes à cette culture, les ayant déjà approuvées, avec les préparations convenables, mais qu'il n'a fait cette obfervation que dans l'ap-préhenfion que les cultivateurs ne fe foient abfolument bornés aux terres glai-fes, tandis qu'ils auroient négligé les ter-res *loams* graffes.

Dans un extrait de lettre rapporté dans la feuille du 5 avril précédent, le même affocié étaye encore fon fyftême, & il dit » que tous ceux qui fe font expéri-
» mentés dans la culture du lin, avoue-
» ront facilement que les terres glaifes
» font les meilleures ; que dans les terres
» légères, le lin (*a*) eft plus fin, mais

______

(*a*) La filaffe.

» qu'il eſt ſujet à une maladie nommée
» en Irlande, *brûlure* (a). La filaſſe de ce
» lin forme alors de la toile tachée, &
» la difficulté eſt extrême pour parvenir
» à la blanchir également «. Cet aſſocié
prétend qu'on doit en attribuer la cauſe
à ce que l'on jette cette ſemence dans
les terres légères, tandis que ſuivant les
expériences, il n'y eſt aſſujetti, étant
ſemé dans les terres glaiſes, profondes &
fertiles. Il prétend encore, d'un autre
côté, que différents procédés de culture,
dont nous parlerons, ne ſont pas auſſi
diſpendieux qu'on pourroit l'imaginer,
& il les préſente comme faciles dans l'exécution, relativement à cette dernière nature de terre.

Toutes ces inſtructions & ces obſervations avoient beſoin d'être revêtues d'une
certaine autoriſation, pour engager les
cultivateurs à les expérimenter avec con-

(a) C'eſt cette maladie qui rend le lin d'un brun rougeâtre, avant qu'il ſoit mûr.

fiance ; en conféquence la fociété fût priée d'en préparer un extrait dans lequel elle laiffât voir fon fentiment, & elle le publia dans fa feuille du 7 février (*a*) 1737.

Il réfulte de cet extrait que *les terres* (loams) *fortes , humides & argilleufes , font les meilleures pour le lin. Elles donnent une récolte abondante, & fur-tout en graine* (*b*). *Pour les terres légères , quoiqu'elles produifent la filaffe fine , mais en petite quantité, ne font pas auffi fructueufes, elles produifent très-peu de graine, & elle eft d'une qualité médiocre.*

Les terres en friche (*c*) *, font les plus propres au lin, il réuffit toujours beaucoup mieux dans ces terres neuves, pourvu toutefois qu'elles foient fuffifamment ameublies par les labours.*

(*a*) *Voyez* feulement dans cette feuille ce qui regarde la nature de la terre jugée convenable à la production du lin.

(*b*) La fociété confidère ce dernier objet comme important dans l'état où il fe trouve, parce que jufqu'alors l'importation s'en faifoit en Irlande.

(*c*) Nous avons ci-devant expliqué ce qu'on entend par *terre en friche.*

Telles font les inftructions que la fociété de Dublin a données en 1736 &
1737, pour déterminer la nature de terre
convenable à la production fructueufe du
lin ; c'eft-à-dire, propre à donner *une
bonne filaffe & une bonne graine* ; choix
qu'elle étaye avec raifon fur la nature de
terre qui eft adoptée en Hollande , en
Livonie & en Flandres ; il ne s'agit ici
que du climat qui peut procurer des différences dans les effets d'une même nature
de terre , mais c'eft à quoi il eft impoffible
de remédier.

Paffons à ce que les autres fociétés ont
publié jufqu'à préfent fur la nature du
terrein propre à la production du lin.

Société de Rennes.

Cette fociété, auffi attentive que l'étoit
celle de Dublin, à voir profpérer cette
branche d'agriculture dans la Bretagne,
& la regardant comme un objet de culture qu'on y devoit promouvoir , porta
également fes premières vues fur tout ce

qui pouvoit en procurer l'avancement.
Sur le rapport que la ſociété a fait aux
états aſſemblés en 1757, art. XIV, » que
» la culture du lin, ſi floriſſante dans la
» partie ſeptentrionale de la province,
» étoit fort négligée dans celle du midi,
» qu'elle y ſuffiſoit à peine à la conſom-
» mation du colon, que la graine du pays
» qu'on y ſemoit ne pouvoit donner que
» des productions foibles & peu propres
» à encourager les cultivateurs, & qu'il
» étoit néceſſaire de leur faire connoître
» l'avantage de ſe ſervir des graines étran-
» gères «.

Les états ont, par délibération, ordon-
né : » qu'il feroit fait un fonds de 6000
» livres pour faire venir de la graine de
» *Riga* & de *Zélande,* de la meilleure
» qualité, pour être diſtribuée dans les
» évêchés de Rennes, Nantes, Vannes,
» Quimper, & dans la partie méridionale
» de S. Malo, ſur le pied de 9 livres le
» quintal ; à laquelle diſtribution les com-
» miſſaires de l'agriculture ont été chargés
» de

» de veiller, & à ce que la femaille en
» fût effectuée «.

Cette société ne paroît pas avoir tout-à-
fait déterminé encore quelle eft la nature
de terre convenable à la femence du lin,
puifque les expériences qu'elle s'eft enga-
gée de faire avec des graines étrangères(*a*),
femblent avoir été exécutées fur les terres
dont on étoit en ufage de fe fervir jufqu'alors dans la province ; elle s'eft propofé cependant de faire répéter, en 1759,
ces expériences dans des terres neuves
fort argilleufes, qualité de terre affez commune en Bretagne ; il y a toute apparence que fi cette fociété a fait faire ces
expériences, elle aura examiné plus à
fond la nature des terres de la province,
qu'elle dit trouver *neuves & fortes*, & où

____

(*a*) Ces graines ont été tirées de *Riga* & de Zélande,
qui font les lieux dont nous avons parlé ; article de la fociété de Dublin ; mais ces graines n'ont pas eu tout le
fuccès que cette fociété s'en promettoit. *Voyez* corps d'obfervations de cette fociété de 1757 à 1758, pages 41,
129 & 130. Nous parlerons ailleurs du choix qui doit être
fait dans les graines.

l'argille domine, pour remarquer ſi elles font de la même nature que celles de Zélande, de Livonie, de la Flandres, & encore que les terres graſſes de l'Irlande, appellées *loams*, qui ſont fortes, humides & argilleuſes. Elle aura de même examiné la nature des terres légères de la même province de Bretagne, ſoit en friche, (qui deviennent défrichées *terres neuves*) ſoit accoutumées de produire; car tant que l'on n'aura pas trouvé une nature de terre à-peu-près ſemblable à celles-ci, en Bretagne, au climat près, il n'y a guère lieu d'eſpérer de recueillir dans cette province, un lin qui ſoit de même nature, ſoit pour la filaſſe, ſoit pour la ſemence. Cet article eſt un premier point à bien examiner concernant le choix de la terre. Nous parlerons enſuite des autres objets auſſi eſſentiels à obſerver. Les feuilles dont nous venons de parler, publiées par la ſociété de Dublin ſur le lin, peuvent donner des connoiſſances exactes ſur ce choix.

SOCIÉTÉ DE BERNE.

La société de Berne a jetté également les yeux sur le lin, & elle a mis, comme les autres sociétés, cette culture au nombre des objets intéressants. La justesse & la solidité qui se rencontrent dans les mémoires des deux associés de la société de Dublin, relativement au choix d'une terre convenable à la production de cette plante, ont déterminé la société de Berne à insérer ces mémoires dans son journal (*a*). Elle adopte généralement tous les principes contenus dans ces mémoires, & invite les habitans de la Suisse à se conduire en conséquence.

Voilà tout ce que les sociétés de l'Europe ont observé jusqu'à présent sur la nature des terreins propres à la culture fructueuse du lin. Quoique les conditions à rechercher dans ce choix, n'ayent pas encore été déterminées avec la der-

____

(*a*) Ce journal a été publié en 1760 à Berne.

nière précision, il paroît qu'on ne sçauroit se refuser à expérimenter en petit la
semence du lin sur cette nature de terre,
c'est-à-dire, sur celle que la société de
Dublin désigne, sauf à l'expérimenter
ensuite en grand. D'autant plus qu'il en
est déjà résulté de grands succès en
Irlande, & que les sols de la Zélande,
de la Flandre & de la Livonie, qui
font très-fertiles en ce genre, ont servi
de modèle au royaume d'Angleterre; il
paroît même qu'on peut se déterminer.

ÉDUCATION DES ANIMAUX,
VOLAILLES ET INSECTES.

SOCIÉTÉ DE DUBLIN.

L'OBJET de l'œconomie naturelle ou rurale, s'étend non-seulement sur toutes les plantes, mais encore sur tous les animaux, volailles & insectes, capables de servir de quelque manière que ce soit à nos usages, & de devenir un objet d'utilité. Aussi cette dernière partie n'a-t-elle pas moins attiré l'attention de certaines sociétés. S'il est nécessaire de cultiver pour nourrir les animaux, volailles, insectes, &c. & en tirer des superflus, il est de même indispensable de les nourrir pour cultiver.

Quoique la société de Dublin, que nous avons établie comme la mère de toutes les autres sociétés, n'ait point porté ses vues sur la propagation de cette partie essentielle de l'œconomie rurale pendant

C iij

les premières années de fon établiffement, & qu'elle ait choifi de préférence
d'autres fujets pour objets de fes premières obfervations , préférence que l'on
peut attribuer à l'abondance naturelle du
pays en animaux domeftiques de toute
efpèce ; elle ne s'eft pas néanmoins crû
difpenfée de les mettre par la fuite au rang
des chofes qui méritoient le plus fon attention. Mais malheureufement nous n'a-
vons pu encore parvenir à traduire fes
feuilles, notre deffein étant d'ailleurs de
fuivre un ordre, & d'aller en avant fur
cette partie, objet par objet ; nous re-
mettons nos lecteurs à leur fournir par
la fuite les inftructions de cette fociété
fur ces objets importants, & nous ne parlerons ici que du peu de recherches faites
fur cette partie d'œconomie par les autres fociétés encore naiffantes.

SOCIÉTÉ DE RENNES.

§.

Bêtes Chevalines.

EN 1754 que les états de cette pro- FRANCE.
vince fentirent l'utilité des établiffements *Breta-gne.*
de haras, & les garnirent d'étalons & de
juments tirés de l'étranger, pour fubfti-
tuer une race nouvelle à la race des chevaux nationaux, qui étoit des plus petites, des plus foibles & des moins fécondes, le fuccès a répondu à leurs vues.

§ §.

Bêtes à cornes & à laine.

Quelque-temps après M. Couetpeur,
affocié de la fociété au bureau de S.
Malo, dreffa, en exécution de l'art. VI
du réglement donné par les états à la fociété, un mémoire qui contenoit des détails très-étendus, non-feulement fur la
néceffité d'éteindre & de fupprimer la

race des chevaux de son évêché, (ce qui laisse croire qu'il n'avoit pas été envoyé d'étalons & de juments dans les environs de son habitation) mais encore sur celle de renouveller la race des bœufs & des moutons; il observoit qu'encore que le climat soit naturellement favorable pour élever ces derniers, l'une & l'autre espèce de ces animaux étoient extraordinairement dégénérées, qu'une partie dépérissoit & que l'autre devenoit infructueuse ; sur ce mémoire, & sur les différentes représentations de la société, les états y ont statué, & en conséquence ont fait un fonds pour acheter en Poitou, cinquante-quatre taureaux de la plus belle espèce, qui ont été distribués dans l'étendue de chaque évêché, au nombre de six par évêché, avec faculté aux personnes qui s'en feroient chargées, de les vendre à leur profit à l'expiration de trois ans.

De même ils ont fait faire l'achat de cent huit béliers, de la première & de la plus grande espèce, distribués pareillement douze par évêché.

Il est à présumer que cette régénération aura une réussite égale à celle des haras, c'est ce que nous apprendrons à nos lecteurs par la suite.

La société, dans son corps d'observations publiées en 1760, ajoûte à tout ce que nous venons de dire, qu'elle a déjà observé plus haut dans ce même ouvrage (*a*), » que le père d'un associé (M. le baron » de Pontual) avoit fait venir, il y a » trente ans, des béliers & quelques bre- » bis du Havre ; que les agneaux qu'ils » produisirent, furent dispersés dans les » troupeaux des environs de sa terre ; » qu'on n'avoit pris aucun soin d'en en- » tretenir la race, & de détruire l'ancien- » ne par la castration des mâles ; que ce- » pendant on distinguoit encore aujour- » les moutons qui venoient de cette sou- » che ; & enfin , qu'une multitude de

______

(*a*) P. 97. & 168 de ce corps d'observations.

» mélanges n'avoit pu effacer le caractère
» de supériorité imprimé par les béliers de
» Normandie «.

M. Laurencin de Nantes avoit fait un
pareil essai ; il avoit tiré de Barbarie (*a*)
des béliers & des brebis.

Ces brebis , qui sont deux fois plus
fortes que les brebis nationales de Bretagne, donnent deux agneaux à chaque
portée , & fournissent plus du double de
laine.

Un autre citoyen de la même ville de
Nantes (M. Grou) a fait pareillement
venir des béliers & des brebis de Hollande (*b*), & il a trouvé que la laine de
ceux d'Irlande n'est pas supérieure en qualité à celle de ceux ci. Ces animaux don-

------

(*a*) C'est la meilleure race , & celle qui a si parfaitement
bien réussi en Suede.

(*b*) Les moutons Hollandois sont de la race de ceux de
Barbarie , d'où l'espèce en a été tirée autrefois ; il y a aussi
des moutons en Flandres , (a *Furnembackx*) qui ont une
taille supérieure , & les brebis portent jusqu'à quatre &
cinq agneaux à la fois ; mais nous croyons que la laine
ne vaut point celles des autres. Ces derniers animaux se
plaisent dans les pâturages des plaines les plus grasses.

nent une tonte quadruple de celle des moutons du pays, & les soins que l'on apporte pour leur entretien font les mêmes. On peut les·laisser à l'air toute l'année, pour perfectionner la qualité de la laine, sans que les rigueurs de la mauvaise saison puissent leur nuire (*a*). Le bélier de Hollande & de Flandres, ne revient à Nantes qu'à vingt francs argent de France.

. Ces expériences ne purent engager la société à adopter le changement de race, relativement aux moutons, qu'en ce qui regarde les béliers seulement ; car elle a semblé être dans le fentiment, (& avec raison) de laisser subsister les brebis nationales, & de ne faire simplement que les accoupler avec des béliers étrangers, tels que ceux de Barbarie, de Castille en. Espagne, ou d'autres endroits. La Suede, la Hollande & l'Angleterre lui

---

(*a*) On a beaucoup d'observations à farie fur cet article, c'est ce que nous ferons dans notre partie du commerce.

traçoient la conduite à tenir dans la réuſſite de la conduite qu'elles avoient tenues. En effet, la laine de Bretagne n'eſt pas d'une ſi mauvaiſe qualité, & il eſt dit, dans le corps d'obſervations de la ſociété, qu'au lieu de les mêler, comme font la plûpart de ceux qui les employent, il ne s'agit au contraire que d'en faire le triage (*a*).

Il eſt inutile de rapporter ici tous les avantages que les cultivateurs retireroient de la multiplication de ces nouveaux troupeaux, ſoit de ceux compoſés de brebis nationales accouplées avec des béliers étrangers, ſoit de ceux dont les béliers & les brebis ſeroient de race étrangère, ſupérieure en qualité à celle des nationaux. Perſonne n'ignore, dit la ſociété, que l'on parviendroit à l'amélioration des laines, qu'on fourniroit de meilleures viandes les boucheries, qu'on auroit de meilleures qualités de peaux, ſoit pour s'en

---

(*a*) Cette opération s'exécute même en Eſpagne & en Angleterre, où les laines paſſent pour les meilleures.

fervir en nature ou en cuirs, foit en par-
chemins, &c; qu'on auroit de meilleurs
fumiers pour les engrais, qu'il n'en coûteroit pas plus de peine à les éduquer &
à les nourrir, que ceux de mauvaife race
dont cette province abonde, & qu'on en
retireroit au contraire plus de profits dans
les ventes.

Cette même fociété a encore examiné
la partie œconomique concernant les mou-
ches à miel, nous en rendrons compte
inceffamment.

ECLAIRCISSEMENTS
NÉCESSAIRES
DEMANDÉS SUR DIFFÉRENTS OBJETS D'AGRICULTURE.

I.

Sur la nature de terres qui compoſent pré-
ciſément en Irlande la terre loams *, &*
ſur celle qui pourroit en France y avoir
rapport.

COMME la terre, appellée en Irlande
(*loams*) eſt celle qui, d'après les expé=
riences, a été reconnue la plus propre à
la production du lin, il eſt intéreſſant de
pouvoir la découvrir dans les ſols des autres pays, entre autres en France, afin
de ne point errer ſur ce principe eſſentiel.

Il réſulte de l'examen que nous avons
fait des différents ouvrages traitant des
terres graſſes, & ſur-tout de ce que diſent
les aſſociés de Dublin, que l'eſpèce de

terre la plus propre à la culture du lin, eſt *une terre compoſée de ſable & de glaiſe, en telle proportion que cette dernière ſubſtance domine, ce qui rend cette terre graſſe*; en conſéquence de quoi les aſſociés la mettent dans la claſſe des terres plus légères que les *glaiſes pures*, & que les *autres natures de terres* (a).

La ſociété qui autoriſe le choix de cette nature de terre, dit, dans ce qu'elle publie à ce ſujet, comme on peut le voir ci-devant, que les *terres glaiſes* LOAMS, *fortes, humides & argilleuſes, ſont les meilleures pour la production des lins.*

Dans d'autres endroits concernant ces terres, & où il eſt queſtion d'indiquer quelle eſt la nature du ſol Zélandois, qui ſert de baſe à ces aſſociés. Pour étaî

____

(a) Feuille de la ſociété de Dublin, des 7 & 22 février, & dès 5 & 12 avril 1736. Cette nature de terre n'a pas été mieux indiquée dans la traduction libre de la ſociété de Bernes, pag. 160, première partie, & 387 de la ſeconde, ainſi que dans celle de Thébault, pag. 41, 288, &c.

blir le choix des terres convenables à la culture du lin ; il est dit que le sol Zélandois est un *TERREIN GRAS*, *sablonneux*, ou *des terres glaises*, *profondes & compactes*. Ailleurs il est dit que ce même sol est *ARGILLEUX*, *profond, ferme & humide*, &c (*a*).

M. Defortbonnay rapporte une lettre sur l'état de l'agriculture de la comté de Norfolx , dans la partie d'Angleterre orientale , où il est dit que la *terre molle & légère, un peu grasse , & en général assez profonde , est la terre LOAMS* (*b*).

Un Anglois , qui prend le nom de RUSTICUS , & qui a publié ses essais d'agriculture faits sur plusieurs centaines d'acres (*c*) de terres de différentes qualités , dit que la terre *LOAMS est celle qui est composée de terre forte & pesante , & de terre légère* , qu'on appelle alors *terre*

(*a*) Voyez les notes que nous avons placées à la citation de ces terres , dans les feuilles de cette société.

(*b*) Eléments du commerce , tom. 1. p. 237.

(*c*) Sorte de mesure en usage en Angleterre & en Normandie , qui contient 120 pieds carrés.

moyenne ,

moyenne , parce qu'elle tient le milieu
entre les deux extrêmes dont nous venons de parler , (*la terre forte & pesante
& la terre légère*); » cette terre , ajoûte-
» t-il , est d'une composition moins dif-
» posée à la cohésion par les dimensions
» de ses pores , & par conséquent elle est
» la meilleure , à moins que la trop gran-
» de humidité , & un mauvais entretien
» (le défaut de labours convenables)
» ne la fassent redevenir terre *très-pe-*
» *sante* (a) «.

La société de Bretagne prétend trouver de cette terre dans la province. » Il
» n'est que trop aisé , *est-il dit dans son*
» *corps d'observations* (b) , de trouver en
» cette province des *terres neuves* (c) &
» *fortes* , où l'argille domine « ; en s'ex-

____

(a) Cet ouvrage n'a pas encore été traduit , mais il en
a été fait un extrait assez ample dans les journaux du
commerce de 1759 , mois de juillet, p. 98 , août p. 123 ,
septembre, p. 119 , octobre, p. 163 , novembre, p. 66.
. (b) Page 123 , années 1757 & 1758.
. (c) Cette *terre neuve* , avons-nous dit , est celle qui est
restée inculte & qu'on défriche.

Corps d'Observations. Tom. I. D

pliquant ainfi, elle veut parler de la terre LOAMS.

La fociété de Berne ne s'explique point d'une manière plus précife, & elle s'eft renfermée entierement dans tout ce qui avoit été dit dans les mémoires de la fociété de Dublin (a).

L'auteur de l'amélioration des terres, quoique Ecoffois, ne parle pas de cette terre LOAMS ; tout ce qu'on remarque dans l'article où il diftingue les différentes natures de terres, c'eft qu'il confond comme *Hume*, la terre argilleufe avec la glaifeufe (b).

Les auteurs du corps complet de l'agriculture d'Angleterre (c), veulent dans un endroit que la Marne mêlée de fable ou fablonneufe, forme avec de l'argille la *terre LOAMS*, qui devient alors une

---

(a) Voyez p. 162, première partie, & 395 de la feconde.

(b) Voyez p. 26 & 27.

(c) On traduit maintenant cet ouvrage à Rennes : l'auteur du *Gentilhomme Cultivateur* qui vient de paroître, y a puifé la plus grande partie de fon ouvrage.

terre fine & graffe ; dans d'autres, que les terres LOAMS foient de différentes efpè- ces, les unes pierreufes ou pleines de co- quillages, fines & plates, & dans d'au- tres, enfin, que les LOAMS foient des terres compofées de fable & d'argille, dans lefquelles cette dernière fubftance domine ; & que cette terre foit froide, humide & gluante, non-feulement dure, mais auffi, pefante.

L'auteur de la Maifon rûftique (*a*) dif- tingue la glaife de l'argille, il dit ›› que la ›› marque de la bonne glaife eft qu'elle ›› foit ferme & *point fablonneufe*, qu'elle ›› foit graffe & douce à la main, s'allonge ›› & file en la rompant de quelque cou- ›› leur qu'elle foit ‹‹.

Dans un autre endroit il dit, ›› que l'ar- ›› gille eft une terre forte, plus gluante que ›› la terre graffe (que quelques-uns nom- ›› ment terre forte argilleufe) mais moins ›› que la glaife ‹‹.

____

(*a*) Voyez pages 553, tom. 1 ; & 386, tom. 2.

Et enfute » que la glaife eft une terre
» maffive & vifqueufe, dont le corps eft
» lié & rempli de fels vitrioliques, & ap-
» pellée ordinairement terre à potier «.

L'auteur du dictionnaire de l'agriculture ne parle que de la glaife, qu'il dit
être terre à potier, & il en diftigue quelques efpèces.

L'Encyclopédie, au mot *argille*, dit:
» que cette terre eft pefante, compacte,
» graffe & gliffante, & qu'elle a de la
» ténacité & de la ductilité lorfqu'elle eft
» humide, & enfuite en diftingue plu-
» fieurs efpèces «.

Au mot *glaife*, il n'y eft fait aucune
diftinction d'argille avec la glaife : on y
dit que c'eft la même chofe.

Pott, dans fon examen chymique des
pierres, des terres (*a*), diftingue plufieurs
fortes d'argille, mais il n'en appelle aucune du nom de glaife : on pourroit foup-
çonner, cependant, qu'il veut parler de

______

(*a*) Voyez fa lithogeognofie p. 7 , 95 & fuiv. tom. 1.

la glaise, en indiquant une terre d'une
fubftance tenace, douce, molle & graffe
au toucher, s'attachant facilement à la
langue, & fe divifant dans l'eau promptement & en parties très-fines, & qu'il
entend parler de l'argille par celle qu'il
appelle *bol*, en indiquant cette terre comme plus poreufe que l'argille commune,
qui eft celle que nous croyons qu'il auroit
pû appeller glaife.

Il ne s'en tient pas là, il dit plus loin
que l'argille bleue (qui eft celle que nous
penfons être la glaife, & qui fouvent eft
verdâtre) eft l'argille ordinaire des potiers.

M. Hellot (*a*) reconnoît la terre glaife
pour terre différente de celle d'argille ;
mais on ignore s'il entend par *bol* (qui
eft, dit il, ce qui rend la liaifon à la terre
glaifeufe ou terre de potier), la feconde
terre argilleufe, ou l'argille proprement

______

(*a*) Voyez les mémoires de l'académie royale des fciences de 1739.

D iij

dite que Pott définit, ou bien le *glutten* ou l'*argille marneuſe*, le *glimmer* de Pott, &c. qui ſont des terres inſéparables des argilles & des glaiſes.

Hume, dans ſes principes ſur la végétation, ne parle point de terres LOAMS, & il n'en eſt pas queſtion dans toutes les expériences qu'il paroît avoir faites pour diſtinguer la vertu & la propriété de toutes les différentes natures de terres, ſoit alliées ou mêlées enſemble, ou ſéparées. Il n'a pas eſſayé ce degré de mélange que nous avons dit ci-devant compoſer la terre LOAMS ; tout ce que nous avons obſervé dans ſes principes (*a*), c'eſt qu'il préſente la terre argilleuſe & la glaiſeuſe comme ſimilaires.

Cependant l'argille & la glaiſe, quoique en Anglois elles aient le même nom, *porters carth*, ſont deux terres bien différentes.

La terre argilleuſe, en général, eſt un

____

(*a*) Ils ont été traduits en françois. *Voyez* p. 23.

composé, dont la partie la plus considérable est en terre glaise, de laquelle nous
allons parler, coupée par la nature ou
par l'art d'une quantité de sable proportionnée, & de terre adamique ou de terre
végétative. Cette terre ainsi mêlée a une
inclination à retomber en petits pelotons
dans la fosse du sillon, lorsque la charrue
la coupe.

La terre glaise, en général, est une terre
composée de sablon, de terre adamique
& de matières liquides & gluantes (glutten) qui dominent, ce qui la rend compacte, pesante, tenace, humide & froide ; & cette qualité gluante est si forte
que la charrue a peine à ouvrir les raies
ou fosses des sillons, & que les lames enlevées par cette charrue retombent longues & entières dans la fosse (a).

Après ce que nous venons de dire, il
est suffisamment établi que la première

(a) Les potiers, &c. qui travaillent de cette terre sont
obligés de se servir d'eau pour la rendre maniable, sans
quoi elle s'attacheroit toujours aux doigts.

nature de terre qui entre dans la compoſition des terres LOAMS, eſt du ſable ; mais il reſte encore à ſçavoir quelle eſt cette nature de ſable ; eſt-ce du ſable graveleux ou de rivière ? ou eſt-ce du ſable de mer, c'eſt-à-dire, de celui qui eſt en petits grains ou matières terreſtres calcinées ? enſuite qu'elle peut être donc l'autre nature de terre qui, avec la première, compoſe le ſol LOAMS ?

Eſt-ce de la glaiſe ? eſt-ce de l'argille ? C'eſt ce dont il faut cependant s'aſſurer pour ne point induire le laboureur en erreur, s'il veut exécuter la méthode Irlandoiſe, &c. de cultiver le lin.

§.

Eſſais ſur les moyens à employer pour parvenir à la vraie indication des terres LOAMS *en France.*

Il ſeroit à déſirer que les ſociétés d'agriculture vouluſſent bien décider quelle eſt en France la nature & le genre de la terre qui eſt analogue à celle appellée en Angleterre LOAMS.

Si cette queſtion paroiſſoit trop difficile à décider ſur le ſimple examen des citations dont nous venons de parler, & d'autres qu'on pourroit ajoûter, il feroit convenable, ce nous ſemble, de chercher la ſolution par la voie de l'expérience, en ſemant du lin tout-à-la-fois dans une terre *glaiſe*, qu'on dit être LOAMS, & dans une terre *argille*, qu'on dit être également LOAMS.

I I.

Sur les différents noms particuliers de chaque nature de terre & denrées de France.

Un objet qui n'eſt pas moins eſſentiel que le premier, c'eſt de ſçavoir diſtinguer les autres natures de terres.

L'auteur de l'amélioration des terres, déjà cité, ne différencie pas les terres *franches* d'avec le *terreau*.

Différents autres appellent *terre graſſe*, celle qui eſt bien ameublie par les labours, & amendée par les engrais, &

d'autres prétendent que la terre graffe (*a*) eft la terre *glaifeufe*, la *vifqueufe*, l'*argilleufe*, & celle qui fe pétrit facilement.

Un autre veut que les *terreins légers* foient le contraire des terres fertiles (*b*).

D'autres confondent les *terres vierges* avec les *terres neuves*, les *terres adamiques* ou *terres végétatives*, avec les *terres caput mortuum*, ou les terres *élémentaires* proprement dites, &c. &c. &c.

Tous ces différents énoncés ne peuvent que dégoûter un laboureur, lorfque trompé par une dénomination vague, il fait quelques effais qu'on aura publiés, il fait fans fuccès des expériences d'après l'indication de quelques procédés. Le manque de réuffite vient de ce que l'expérience ne fe trouve point faite fur une terre convenable à la culture de l'objet indiqué ; cette méprife n'auroit pas lieu, &

* * *

(*a*) Nous venons de le voir dans les définitions des terres LOAMS.

(*b*) Journal œconomique, janvier 1758, p. 24.

l'expérience réussiroit si la nature requise du sol étoit désignée positivement.

I I I.

La même difficulté naît encore de la variété dans les noms des denrées.

Tous les laboureurs connoissent la plante & la graine du *froment* en général ; mais non pas les différentes espèces. En Flandres, on sçait ce que c'est que le *froment blanc*, le *roux*, &c ; en Bretagne, aucun cultivateur ne sçait que le dernier est le froment qu'il est accoutumé de semer, parce qu'il y porte un autre nom.

En Languedoc, l'on connoît le *froment touzelle*, en Dauphiné, *la brance*, &c. jamais Artésien n'ira penser que le premier est son *bled roux*, & l'autre son froment qu'il appelle *bled blanc*.

On peut dire la même chose des autres natures de denrées.

§.

Essai sur les moyens de parvenir à donner à ces terres & denrées un nom général & universel.

Puisque l'on est presqu'inévitablement induit en erreur sur ces objets, il faut nécessairement y remédier ; car on auroit beau publier les méthodes les plus avantageuses pour la culture du *froment*, &c. si l'on n'indique pas aux laboureurs des différents lieux, les natures de terres & de denrées, d'une façon à leur pouvoir faire comprendre que ce qui porte à Paris *un tel nom*, s'appelle chez eux de *tel autre* ; ainsi des autres endroits.

Cet objet, qui est des plus intéressant pour l'accélération des progrès de l'agriculture, exigeroit des sociétés, que les excellents membres qui les composent, & qui sont répandus dans les différents cantons de chaque province, adressassent au bureau principal (*a*) des paquets de

____

(*a*) Pour acquérir une connoissance plus générale, &

chaque denrée du cru de leurs cantons, étiquetés du nom qu'on leur y donne communément. Le bureau principal y placeroit le nom correspondant dans le lieu de sa résidence, & renverroit le paquet à chaque membre particulier, qui feroit publier que *tel objet*, que l'on nomme dans le pays *tel*, se nomme dans la capitale, ou dans les autres lieux de la province, de tel nom ; il en seroit de même des différentes natures de terres.

De cette manière on éviteroit cette quantité prodigieuse de noms, que nous

profiter souvent, dans les différentes provinces, des mémoires sur l'agriculture, qui émaneront de quelque société d'une province étrangère à celle-ci. Il conviendroit, nous semble-t'il, que tous les paquets envoyés par tous les membres résidents dans les différents lieux du royaume, à chacun de leur bureau principal respectif, fussent envoyés de ces derniers lieux au bureau de Paris : que Paris renvoyât ensuite ces paquets à chaque bureau principal des différentes provinces, avec le nom de Paris & de tous les autres lieux des provinces, & que ces derniers les renvoyassent de même à chaque membre qui les leur a envoyés en premier lieu, après avoir ajouté les noms dont on se sert chez eux. De cette façon, lorsqu'il seroit publié un mémoire sur la culture de tel objet en Hainault, le paysan de la Guyenne comprendroit fort bien que l'objet dont on a parlé en Hainault, est celui qui a tel nom chez lui.

ferons dans le cas d'inférer dans nôtre ouvrage à chaque denrée & terres, pour nous faire entendre de tout le monde. Encore ne pouvons-nous pas nous flatter d'une expofition complete des différentes dénominations, par l'efpèce d'impoffibilité de les recueillir toutes par nous-mêmes. Au moyen de l'expédient que nous indiquons, la chofe feroit facile, & l'on parviendroit bientôt à avoir une indication diagnoftique des terres & des denrées; & lorfqu'il feroit quéftion de terres ou de femences, dont on préfenteroit la culture comme avantageufe, il n'y auroit aucune équivoque à craindre fur la nature de la terre ou de la femence.

COMMERCE.

SOCIÉTÉ DE DUBLIN.

COMMERCE.

ON commence à se convaincre aujourd'hui, que le commerce d'importation sera toujours le principe destructeur des richesses naturelles de tout pays où il dominera sur celui d'exportation. Combien d'états commerçants ne doivent leur chûte qu'à l'ignorance de cette maxime ! Combien de villes, autrefois florissantes, ne semblent conserver quelques débris sous les herbes qui les couvrent, que pour en attester la vérité !

Frappée de ces exemples & des réflexions qui en naissent, la société de Dublin a senti de quelle importance il étoit, d'arracher à de pareils malheurs l'Irlande, ce second royaume d'Angleterre, dans lequel il est établi. Aucune

principes réfléchis ne dirigeoient les commerçants de cette iſle. Ils ſuivoient, comme par inſtinct, de vieilles pratiques qu'ils tenoient traditionnellement de leurs prédéceſſeurs. C'étoit des préjugés ſeuls qu'ils tiroient leurs lumières. Le flambeau de l'obſervation ne les guidoit jamais.

Il s'agiſſoit donc de les éclairer, & c'eſt à quoi l'illuſtre ſociété dont on vient de parler, a cru devoir s'appliquer fortement. Dès les premiers inſtants de ſon établiſſement, elle employa toute ſa ſagacité à la recherche des moyens qui pouvoient contribuer à affoiblir en Irlande, le commerce d'importation, & comme l'approbation générale doit mettre le ſceau à toutes les entrepriſes utiles, & qu'il peut en réſulter des encouragements & des ſecours, elle a cru devoir expoſer au public ſes vues & ſes démarches dans les feuilles dont on va donner l'extrait.

Feuille du mardi 11 janvier 1736.

On y obferve que les productions de la terre, ainfi que celles de l'induftrie, font les richeffes primordiales d'un état. Un commerce favorifé par une fituation heureufe, & foutenu de tous les acceffoires que l'art & l'expérience y peuvent ajoûter, remplacera quelquefois ces avantages naturels, mais il ne fçauroit cependant en égaler, ni la valeur, ni la durée : fon mérite principal eft de les réalifer.

C'eft à cette remarque falutaire, que le royaume d'Irlande doit les efforts qu'on a faits pour le tirer de l'état de foibleffe & de dépériffement où il fe trouvoit plongé. Les moyens qu'on y employa furent d'accroître, par une culture attentive, le produit de la terre, & d'encourager le citoyen à étendre fon induftrie fur une plus grande quantité d'objets.

La manufacture des toiles étoit prefque la feule reffource du royaume ; ce fut le point vers lequel fe tournèrent les

E ij

premiers regards de la société. Elle espéra que, par une plus parfaite fabrication de la toile, par l'emploi de filasses d'un travail plus soigné & d'un lin mieux cultivé, elle parviendroit à étendre à l'infini, une branche de commerce si importante. Elle vit néanmoins que cette progression, quelque loin qu'elle s'étendît, ne pourroit jamais égaler par les produits d'un commerce d'exportation, l'immense & permanente importation des marchandises étrangères, dont le royaume avoit coutume de se pourvoir.

Il fallut donc faire naître d'autres branches pour l'exportation ; recourir par conséquent, comme on vient de le dire, à l'accroissement des richesses terrestres & industrielles, rechercher les causes d'infécondité dans les terres, & celle d'inertie dans les artisans.

» Les causes d'infécondité étoient, » *disent les auteurs de la feuille*, le petit » nombre de bras qu'avoit le laboureur, » & les causes d'inertie devoient être

» attribuées au peu d'aisance des ouvriers.

» Il n'y a pas dans l'Europe, ajoûtent-
» ils, de pays que cette isle n'égale, ou
» ne surpasse en fertilité. Si les récoltes
» de nos voisins sont plus abondantes
» que les nôtres, cette différence ne vient
» point de la dissemblance du terroir ;
» mais du soin qu'on apporte à y mieux
» cultiver les terres «. Ce raisonnement
étoit confirmé par l'expérience. On avoit
essayé de cultiver des productions des
pays voisins, & suivant leur méthode,
ces essais avoient eu tout le succès qu'on
pouvoit en attendre.

Il en étoit de même à l'égard de l'industrie, les moindres encouragements
donnés aux ouvriers, leur avoient fait
faire des tentatives heureuses. Ils avoient
parfaitement réussi à imiter les fabrications étrangères. Ce qui prouve qu'ils ne
manquoient, ni d'art pour imaginer, ni
d'adresse pour exécuter. Le seul défaut
d'aisance sembloit engourdir leurs talents
naturels.

Occupée du projet de rétablir l'abondance & la population qui la fuit, la fociété crut devoir rechercher la nature
des importations qui fe faifoient dans
l'ifle, leur quantité & leur valeur. Elle
fit dreffer un tableau exact & détaillé de
toutes les denrées étrangères importées
dans le royaume, foit de luxe, foit de
néceffité première, & par l'énuméra-
tion qui en fut faite, elle fit voir que jufqu'à la toile même, l'Irlande recevoit
tout des autres peuples.

Le but de la fociété, par l'expofé de
ce tableau, étoit d'ouvrir les yeux des
citoyens fur tous les objets de gain qui
pouvoient réfulter de l'affranchiffement
du commerce d'importation ; d'engager
le laboureur à retourner à la charrue, que le
découragement lui avoit fait abandonner;
de ranimer l'artifan par l'efpérance d'une
fortune prochaine ; de perfuader, enfin,
à celui qui enfouiffoit fon or, ou qui le
prodiguoit à l'étranger, de le répandre
fur les deux premières, bien certain que

des tréfors immenfes feroient le fruit de fes avances.

Les différentes exhortations des membres de la fociété, les lumières qu'ils avoient répandues, avoient déjà porté la conviction dans les efprits : la vérité n'eut pas de peine à fe faire entendre, étant fecondée par l'intérêt perfonnel.

Les fpéculateurs en matières de commerce, fe rendirent fans peine à ceux qui leur prouvèrent que par les procédés qu'on vient d'indiquer, on conferveroit en Irlande la moitié des fommes que l'importation faifoit paffer chez les étrangers, & que la circulation de ces fommes qui refteroient dans l'état, ne pourroit qu'accroître l'activité du commerce, & en maintenir la vigueur.

Feuille du mardi 18 janvier 1737.

Le tableau, dont on vient de parler, compofe entierement cette feuille. Les objets qu'il renferme font copiés fur un extrait des regiftres des droits dus à l'entrée du royaume. Le titre portoit : *TA-BLEAU des denrées & marchandises impor-tées annuellement en Irlande, & qu'on pour-roit cependant y recueillir & manufacturer, avec leur valeur à un prix commun, calculé sur celui des trois dernières années.*

La première colonne contenoit la dé-nomination des différentes natures & qualités des denrées & marchandises par mesures & poids. La seconde, le prix moyen de leur valeur. Et la troisième étoit le montant ou total. La récapitula-tion des valeurs des objets importés an-nuellement, se trouvoit communément de la somme de cinq cens sept mille deux cens soixante-dix livres sterling (*a*).

Feuille du mardi 25 janvier 1737.

Dans cette feuille, la société observe que les marchandises & denrées impor-tées dans l'Irlande, doivent monter à

____

(*a*) La livre sterling vaut vingt-trois livres tournois de France ou environ.

une somme beaucoup plus considérable
que celle qui est portée dans le tableau
qui compose la feuille précédente. La raison de cette modicité, est que l'apprécia-
tion des objets importés, est fixée bien
au-dessous de leur valeur réelle. Une autre cause est l'entrée furtive d'une quantité immense de marchandises qu'on s'efforce de souftraire aux droits, & qui,
par conséquent, ne peuvent se trouver
dans le tableau.

A ces objets la société ajoûte, ceux
qui ne servent qu'à la satisfaction du
luxe, tels que les *vins*, *l'eau-de-vie*, &
les marchandises des Indes Orientales &
Occidentales, dont la valeur est de plus
de 400,000 livres sterling.

Elle conclud qu'il se consomme annuellement en Irlande, pour plus d'un mil-
lion de livres de denrées & marchandises étrangères, dont la plus grande partie
nuit au commerce du royaume, & contribue à faire sortir infructueusement l'argent qui circuleroit dans l'isle.

Son zèle vraiment patriotique s'exhale
par des marques de furprife, & par des
reproches légitimes fur ces abus, qui feroient aifés à réformer, puifque la moitié
des articles importés peut croître fur le
fol d'Irlande, & être fabriquée dans fes
manufactures, & que l'autre moitié roule
fur des objets dont ce royaume peut abfolument & facilement fe paffer.

Pour fortifier cette affertion, elle ajoûte
que l'exportation principale du royaume
ne confifte que dans la fortie des *fils*,
des *toiles*, des *laines crues* (brutes) ou
filées, des *bœufs*, des *cuirs*, des *beurres* &
des *fuifs*, & que tous ces objets, à l'exception de la toile, ne demandent que fort
peu, & même prefque point de travail ;
qu'ils font néceffaires à ceux qui les exportent ou pour leur confommation, ou pour
leurs fabrications ; qu'au contraire, la plus
grande partie de ce que l'Irlande importe en échange, détruit les moyens
d'exercer l'induftrie de fes artifans, d'où
il réfulte qu'on enlève doublement aux

ouvriers nationaux leur fubfiftance naturelle pour la donner aux étrangers.

» Si la force & la richeffe d'un état «,
eft-il dit enfuite dans cette feuille ,
» confiftent dans la frugalité & dans
» l'induftrie de fes habitants , il faut for-
» tement s'appliquer à la recherche de
» tout ce qui peut faire naître ou donner
» de l'accroiffement, & du reffort à cha-
» cune de ces propriétés «.

On paffe enfuite à la confidération des
moyens que l'Irlande peut faire valoir
pour entretenir fon induftrie , & pour
fournir toutes les chofes néceffaires aux
peuples qui l'habitent.

La fertilité naturelle du terroir fait que
les aliments y font à fort bon marché,
la main d'œuvre, par une fuite néceffaire,
eft à très-bas prix , & le peuple eft naturellement laborieux.

A ces avantages fe joint encore celui
d'avoir de très-bons chemins dans les différentes parties de l'ifle , ce qui eft d'une
importance exrême pour la facilité du
commerce intérieur.

Pour exciter l'émulation des nation-naux, la société fait observer qu'ils pourront toujours vendre leurs marchandises à meilleur marché, & s'approprier la concurrence, parce qu'indépendamment des raisons qu'ils viennent d'établir, les productions des manufactures nationales font exemptes du droit de dix pour cent, auquel font assujeties celles des manufactures étrangères.

Cette feuille est terminée par les marques de regret où est la société de voir sortir tant de sommes de l'Irlande, pour l'acquisition des marchandises étrangères qu'on y importe, & pour les payements qu'on est obligé de faire à beaucoup de seigneurs qui consomment leurs revenus hors du royaume. Si malgré ces vices radicaux, l'Irlande s'est soutenue encore avec une certaine dignité, c'est assurément une preuve convaincante de la bonté naturelle de sa constitution. La société se propose donc de rectifier par ses inspirations, tout ce qui peut tendre à l'affoiblissement d'un pays aussi digne de l'attention d'un patriote éclairé ; elle promet d'indiquer des méthodes & des procédés qui faciliteront les opérations, & qui les rendront plus fructueuses.

Feuille du mardi 1ᵉʳ février suivant.

On fait dans cette feuille un nouvel examen des importations d'Irlande, la société fait à ce sujet plusieurs observations, qui, comme les précédentes, ne font point indignes de l'attention de ceux qui font à la tête des affaires publiques.

On répéte avec la plus vive énergie, que c'est dans l'industrie que consiste la véritable richesse d'un état. » S'il se » trouvoit, *dit la société*, dans les entrail- » les de cette isle où nous avons pris » naissance, quelques veines de ces mé- » taux précieux, qui excitent si forte- » ment la cupidité humaine, si l'or ger- » moit dans nos terres, jouirions-nous » d'une solide opulence ? Non assuré-

» ment. Qu'eſt ce que l'or qu'on arrache,
» en comparaiſon de celui qu'on attire ?
» Les canaux de l'induſtrie roulent plus
» d'argent ſur leurs flots, que les mines
» du Pérou n'en rendent à ceux qui les
» exploitent «.

Ceci n'eſt point une vaine déclama-
tion. Les Eſpagnols & les Portugais ſont
réellement indigens, au ſein même des
pays d'où l'or & l'argent ſont tirés. Les
Anglois & les Hollandois, au contraire,
à qui la nature a refuſé ces avantages,
jouiſſent d'une opulence enviée par les
premiers, & qui n'eſt due qu'à leurs travaux conſtants, & aux efforts de leur
induſtrie.

Et en effet, l'induſtrie eſt d'une néceſſité ſi réelle, que dans un état même
où les importations ſeroient très-conſi-
dérables, un peuple laborieux trouveroit
toujours, par ſon travail, les moyens de
ſubſiſter. Les Anglois & les Hollandois
ſervent encore de preuve pour la confir-
mation de cette vérité. Ces nations in-

duſtrieuſes tirent de chez l'étranger une immenſe quantité d'objets de luxe, mais elles ne les tirent qu'en échange des productions de leurs manufactures.

Cet exemple, ſi digne d'être ſuivi en Irlande, y rendroit beaucoup moins nuiſible le défaut de l'importation qui y domine; le fardeau en deviendroit ſupportable, juſqu'à ce que par des travaux réitérés, l'induſtrie ait rendu au commerce d'exportation, cette ſupériorité que la bonne politique doit s'empreſſer de lui procurer.

Loin de ſe flatter de cette eſpérance, la ſociété paroît découragée par l'état d'indigence où elle prétend que le royaume ſe trouve plongé.

» Si l'on conſidère nos plaines, *dit-* » *elle*, on y verra, à la vérité, des trou- » peaux nombreux; ſi l'on parcourt nos » villes, on y trouvera des perſonnes ri- » ches, vêtues d'étoffes étrangères, & » ſacrifiant beaucoup à la chimère du » luxe: tout préſentera l'image apparente

» de l'opulence ; mais ces dehors seront
» bien démentis par la réalité , lorsqu'en
» descendant dans un examen un peu
» réfléchi , on reconnoîtra que la plus
» grande partie du peuple languit dans
» la misère , & que ses *laines* , son *bœuf*
» & son *beurre* ne servent point à la sub-
» sistance , mais sont exportés pour assou-
» vir la cupidité des riches.

» Autrefois , *ajoûte encore cette so-*
» *ciété* , la frugalité faisoit le bonheur
» de nos peuples ; on se contentoit en
» Irlande des productions nationales ,
» elles suffisoient à tous les besoins. Le
» manque d'occasion servoit de frein ; la
» prodigalité & les épargnes étoient em-
» ployés à secourir l'indigence. Mais de-
» puis que le commerce de l'importation
» a multiplié les besoins , toutes les res-
» sources des malheureux se sont épui-
» sées , les denrées ont haussé de prix , le
» salaire de l'ouvrier a baissé , la richesse
» réelle a disparu , & l'air de faste en a
» pris la place.

L'imitation

L'imitation du luxe de la nation Françoise a été auffi une des caufes de ces changements introduits dans l'Irlande ; mais ce qui fait le bonheur d'un grand état, peut devenir la ruine d'un petit.

On fait fentir qu'il eft de l'intérêt & de la gloire des feigneurs de voir leurs fermiers laborieux & occupés ; on leur confeille d'encourager ces fortes de gens, qui, étant plus à leur aife, pourroient les mieux payer, & leur rendre une plus grande quantité de productions.

On exhorte à employer dans les manufactures un plus grand nombre de perfonnes au filage, & pour les encourager, on confeille de leur acheter les uftenciles qui leur font néceffaires pour leur travail, fauf à s'en faire rembourfer fur les payements qu'on auroit à leur faire. Ce moyen n'eft qu'un exemple pris fur bien d'autres, qui tous doivent contribuer à l'accroiffement du même objet.

La fociété termine, enfin, fa feuille par les plaintes amères qu'elle fait aux

riches du royaume, fur leur abfence per-
pétuelle qui les porte à confommer leurs
revenus hors de l'ifle. Ils donnent, au
contraire, de très-grands éloges à ceux
qui habitent leur patrie, & qui s'occupent
du foin d'y faire fleurir l'agriculture & les
arts.

Feuille du mardi 8 février.

Par les obfervations qui compofent la
feuille qu'on vient de lire, la fociété
vouloit achever de convaincre fes compatriotes, non-feulement de la folidité
des avantages de l'induftrie, mais encore de la néceffité preffante où ils étoient
d'y avoir recours.

Après avoir excité l'intérêt perfonnel
dans des détails particuliers, elle vouloit
animer le zèle patriotique par des confidérations générales.

La peinture de la mifère où ces infu-
laires languiffoient, étoit bien propre à
réveiller la fenfibilité naturelle. L'efpérance d'une condition heureufe, la perf-

pective d'un avenir brillant, devoient nécessairement ranimer les étincelles d'ambition, qui se trouvent cachées dans le
cœur de tous les hommes.

Tel étoit le but des réflexions de la
feuille précédente. La société traite, dans
celle-ci, un article important qu'elle n'a-
voit encore qu'effleuré.

Elle observe que » presque tout ce
» qu'on importe en Irlande, n'est point
» absolument nécessaire aux habitans,
» & qu'au contraire, tout ce qu'on ex-
» porte est d'une utilité indispensable aux
» étrangers «. Avantage réel, & qui
donne à cette isle une certaine supériorité
sur ses voisins.

Elle pouvoit être persuadée que ses
bœufs, ses *cuirs*, ses *suifs* & ses *beurres*,
à quelque prix qu'ils fussent, seroient toujours enlevés par les peuples Méridio-
naux, ou par ceux des Colonies, dont
le sol se refuse à la production des pâturages; ce qui lui assuroit un débouché
certain de tous ces objets.

F ij

Il en étoit de même de la *laine* non manufacturée. Les étrangers étoient dans l'obligation indispensable d'en tirer de l'Irlande.

Ce royaume, au contraire, pouvoit se passer absolument des marchandises étrangères, puisqu'elles ne rouloient que sur les superfluités du luxe, ou sur les formes bizarres que la mode se plaît à consacrer. Un commerce fondé sur les besoins chimériques de la vanité humaine, est aussi dangereux à un état, lorsqu'on le fait par importation, qu'il lui est avantageux, quand on le fait par exportation.

Il est donc du devoir de la législation de resserrer ces importations dans les bornes les plus étroites ; le bien du commerce, & celui même des particuliers, l'exigent. Et il est d'autant plus facile de les diminuer, qu'on peut le faire en Irlande sans nuire à l'exportation ; car quoiqu'elles se soient faites par des échanges de marchandises importées, on peut être affuré que l'abolition de cette forme ne peut caufer le moindre dommage

La fociété propofe donc, comme une chofe de la dernière importance, de ne plus recevoir qu'en argent le prix des denrées exportées, du moins autant qu'il fera poffible, & de fe priver des marchandifes de luxe, & des inutilités que l'Irlande étoit dans l'ufage de tirer de fes voifins.

Feuille du mardi 15 février.

Des obfervations fur les différents points traités par la fociété, rempliffent cette feuille. Elles font faites par un négociant à fon correfpondant, dans une lettre dont on rapporte la teneur, & que le zèle paroît avoir dictée.

M...., auteur de cette lettre, donne les plus grands éloges aux moyens que la fociété a employés pour engager les Irlandois à étendre le commerce d'exportation. » Les encouragements » qu'on donne, dit-il, corrigent ceux

» qui ne font point fenfibles à la cen-
» fure ; la manière la plus douce & la
» plus fûre de reprocher aux hommes
» leurs fautes eft de leur montrer les avan-
» tages qu'ils négligent.

Il demande enfuite qu'on lui permette
d'expofer quelques idées, & d'indiquer à
fes compatriotes quelques avantages tou-
chant les manufactures.

COMMERCE DES TOILES.

Après avoir porté fes regards fur diverfes nations voifines de l'Irlande, il
attribue au goût de l'induftrie la plûpart
des différences qui fe rencontrent entre
elles. De là paffant à l'éloge des manufactures, il fait voir qu'une production
manufacturée eft fouvent d'un très-vil
prix dans fon état primitif, mais que par
la transformation que lui donnent des
mains induftrieufes, elle devient un objet
de recherche pour l'acheteur, & le motif
d'efpérance d'un gain affuré pour le ven-
deur.

» Cette production artificielle, quoi-
» qu'affurée de fa confommation, ren-
» contre, dit-il, quelquefois des obfta-
» cles qui s'oppofent à fon débouché. Ces
» obftacles font : 1° le manque de faci-
» lité dans l'exportation. 2° L'incertitude
» des demandes. 3° La cherté des matiè
» res premières, dont les prix d'achats
» fujets à varier, entraînent néceffaire-
» ment une variation dans ceux de la
» vente de ces matières, quand elles font
» travaillées (a).

» Mais heureufement, ajoute-t-il, la
» principale manufacture de l'Irlande réu-
» nit, au contraire, les avantages oppo-
» fés, exportation facile, certitude des
» demandes & bas prix des matières pre
» mières «.

En effet, quant à l'exportation, comme c'étoit en Angleterre que fe faifoit
celle de la plus grande partie des toiles

(a) L'auteur devoit ajoûter, *la cherté de la main-d'œu-*
vre. Ce point eft, comme les autres, très-effentiel à examiner : on en parle cependant ci après

d'Irlande , la proximité qui ſe trouve entre ces deux iſles , en favoriſoit le tranſ-
port , il n'y avoit point d'événemens malheureux à encourir , & il n'y avoit que
fort peu de choſe à payer pour le frêt.

A l'égard de la certitude des demandes , ʺ l'Irlande doit compter , *dit ce*
ʺ *négociant*, ſur un débouché auſſi étendu
ʺ qu'elle le puiſſe deſirer , & il n'eſt pas
ʺ à préſumer que cette exportation s'al-
ʺ tère ; car , juſqu'aux laboureurs , tóus
ʺ les Anglois font une conſommation
ʺ conſidérable de linge. ʺ.

L'auteur évalue enſuite ce que chaque
perſonne peut en conſommer annuellement ; il eſtime que cela ſe peut porter à
la ſomme de dix ſchelings (*a*) ; & ſur la
connoiſſance qu'il a du nombre des habitans de l'Angleterre , il fait monter la
totalité de la conſommation des toiles
dans ce royaume, à la ſomme de 400,

____

(*a*) Le ſcheling vaut 23 fols argent de France.
(*b*) Ce calcul paroît exageré au moins de moirié. M. l'abbé
du Gua , traducteur des *Eſſais ſur les cauſes du déclin*

©oo, o, de livres sterling, qui reviennent
à 920, 000, oo, argent de France (*b*) ou
environ.

» Tant que l'Irlande , dit M....,
» se trouvera en état de fournir aux de-
» mandes qu'on pourra faire de ses toiles,
» il en sortira toujours la partie la plus
» considérable. L'Angleterre doit natu-
» rellement donner à ce royaume la pré-
» férence dans les traites de toiles qu'elle
» a à faire , & ce seroit l'imprudence des
» Irlandois , qui pourroit seule causer la
» suppression ou l'affoiblissement du com-
» merce de leurs toiles.

D'ailleurs il n'y a point à craindre de
rivalité de la part de l'Angleterre au sujet
de cette branche de commerce. Les manufactures de laine font leur principal
objet, & il y a lieu de croire qu'ils se gar-
deront bien de les abandonner ou de les
affoiblir , pour s'occuper à celle de la
toile.

---

du commerce d'Angleterre , prétend dans ses notes que
cette estimation est quatre fois trop forte. *Tome 2 ,p. 120.*

M...... qui fait cette réflexion, la tire de l'opinion qu'il a conçue de la prudence & de la politique des Anglois, & il établit cette maxime : qu'il est de l'intérêt de toutes les nations sages, d'avoir une branche principale de commerce. D'où il conclut que si l'on cultivoit avec ardeur, en Irlande, la principale branche du commerce de cette isle, si l'on s'adonnoit vivement & fortement à la fabrication des toiles, on pourroit compter sur des encouragements de la part des Anglois, ou du moins on auroit la certitude de n'être point croisé par leur concurrence, & l'on feroit par con-

---

(a) L'exportation des toiles hors du royaume avoit été affranchie de tous droits de sortie par George I, *Stat. 7. George 1.* par un acte du mois de juillet 1742, le parlement a accordé, entre autres choses, une *bonty* ou gratification à ceux qui exportent des toiles d'Irlande, *the London magazine* ; d'une autre côté, l'entrée des indiennes ou des toiles peintes des Indes, de Hollande, &c. avoit été prohibée par un acte antérieur.

Mais depuis quelque-temps le gouvernement Anglois, par une jalousie mal entendue, a chargé d'impôts ruineux le commerce des toiles d'Irlande, ce qui a mis ce royaume dans le cas de tourner ses vues vers toutes les autres branches de commerce, particulierement vers celles de l'avitaillement des vaisseaux, & de laisser languir,

féquent affuré de la demande de toutes
les toiles de l'Irlande (*a*).

Pour ce qui regarde le bas prix des matières premières , l'Irlande a de ce côté
un avantage effectif.

Les prix des affermes des terres , les
prix de leur culture , font beaucoup au-
deffous de ceux de la plûpart des pays où
l'on fabrique de la toile. La main-d'œuvre pour la fabrication , y eft de même
payée moins cher que par-tout ailleurs.

L'auteur de la lettre préfente enfuite
quelques détails.

» De toutes les fabrications , dit-il ,
» c'eft dans celle du lin que l'induftrie
» ajoûte le plus à la nature. Il faut l'arra-
» cher , le fécher , le rouir , le battre , en

---

faute de débouché , celle des toiles dont elle étoit en
poffeffion.

Cette pluralité de manufactures en tout genre , fut
caufe de la propofition qui fut faite le 14 mai 1760 , à la
chambre des communes du royaume d'Irlande , de faire
une loi , en conféquence de laquelle il ne pourroit être
permis au peuple d'employer , pour leurs vêtemens &
pour leurs meubles , d'autres marchandifes que celles
qui auroient été fabriquées dans l'ifle. Nous rendrons
compte par la fuite de la décifion du parlement à ce
fujet.

» peigner la filaſſe (*a*), la filer, & enſuite
» la mettre ſur le métier, pour en fabriquer
» de la toile, ou ſur le couſſin pour en
» faire de la dentelle. C'eſt au travail ſeul
» que le lin doit la valeur qu'il acquiert
» par ces différentes opérations, & cette
» valeur eſt immenſe en comparaiſon de
» celle qu'il avoit dans ſon état primitif «.

Dans les toiles les plus commmunes, elle eſt très-conſidérable, mais dans les toiles très-fines, elle s'élève ſouvent à un point inconcevable.

M..... ajoûte que quatorze livres de lin, dont le prix eſt de deux ſchelings ſix deniers (*b*), avant d'avoir été travaillées, peuvent donner du fil de différente fineſſe, dont le prix ſera depuis un denier juſqu'à quatre livres ſterling l'once. On en tire communément près de deux onces du fil le plus fin, &

(*a*) Le terme vulgaire eſt *ſerrancher*.
(*b*) Nous avons indiqué ci-devant ce que vaut le ſchellin argent de France ; il eſt queſtion maintenant du denier qui vaut un ſol onze deniers.

le reste rend une quantité proportionnée, selon qu'on le file plus ou moins gros. La valeur de ces diffrentes onces de fil est de dix pour douze livres sterling : » Ainsi, » conclud l'auteur, le rapport du premier » achat du lin brut , c'est-à-dire, avant » que la filasse soit filée , est à la valeur » du fil qu'on en tire , au moins de un à » quatre-vingt.

De même si l'on examine les divers changements par lesquels le fil passe sur le coussin ou dans le métier , on verra que la proportion va beaucoup plus loin qu'on ne vient de le dire , & que la filasse dans son premier achat , n'est de presque rien , si on la compare à son dernier état, lorsqu'elle est manufacturée (a). On doit se convaincre , par cet examen , que les manufactures de toile ont un avantage

____

(a) Celui qui traduisit ces feuilles en 1759 , observe ici avec raison que M. de Cantillon dit , dans son *Essai sur la nature du commerce en général*, que si la France payoit les dentelles de Bruxelles en vin de Champagne, il faudroit payer le produit d'un arpent de lin , par le produit de plus de seize mille arpens de vigne.

réel fur toutes les autres fabrications ;
puifque les matières font à très-bas prix ,
& que celui que le travail leur donne, eft
très-confidérable.

Le négociant zélé à qui l'on doit cette
lettre , la termine par une invitation qu'il
fait à la fociété , d'examiner s'il feroit de
l'intérêt de l'Irlande de s'attacher plutôt
à la fabrication des toiles fines qu'à celle
des groffières.

Il juge que les fabriquants de cette ifle,
font jufqu'à préfent peu propres à la manufacture des toiles fines ; mais il préfage
qu'à mefure que les ouvriers fe multiplie-
ront, & que les débouchés s'ouvriront ,
l'émulation leur fervira de maître dans
un genre fi lucratif. Il obferve d'ailleurs
qu'il eft affez utile au maintien de la vigueur d'un commerce , d'avoir quelques
parties à perfectionner. La perfpective
des progrès qui reftent à faire, entretient
l'ardeur de l'efprit & éloigne les caufes
de la décadence.

Il finit par encourager fortement les

fabriquants, à commencer par donner aux toiles grossières, que la province est le plus en possession de fabriquer, toute la perfection dont elles sont susceptibles.

Telle est en substance la lettre de M.... : dont le but & les motifs méritent des éloges.

La société observe, à l'occasion de cette lettre, que l'auteur a obmis de parler d'un avantage dont jouit l'Irlande, & qui ne devoit pas échapper aux lumières de ce négociant. C'est que les toiles de cette isle sont exemptes de droits d'entrée en Angleterre (a), tandis que celles des autres nations sont assujetties à des droits

---

(a) Guillaume III & la reine Marie, (*Stat.* 7 , 8. *Will.* 3.) ont affranchi des droits d'entrée le lin & le chanvre, prouvés du cru d'Irlande, ainsi que toutes les marchandises qu'on en fabrique, comme *filasse*, *fil*, *toile*, &c. Cette exemption fut confirmée par George II ; mais il falloit que les vaisseaux fussent de construction Angloise, & que le maître ou capitaine, ainsi que les trois quarts de l'équipage fussent Anglois, ou que les vaisseaux fussent du pays dans lequel le lin est produit, ce qui est conforme à l'acte de navigation, passé en parlement en 1660, intitulé : *A general treatise of naval trade and commerce.* On a depuis dispensé de cette clause pour étendre la navigation.

confidérables, & que par cette raifon il n'y a pas lieu de craindre qu'elles l'emportent dans la concurrence.

D'après les objets qui viennent d'être traités, la fociété conclud que le commerce des toiles doit être regardé comme l'efpoir de la nation ; & cette principale branche, en s'accroiffant de plus en plus, contribuera fans peine à faire fleurir les autres, & leur communiquera une partie de fa féve.

Feuille du mardi 11 Octobre fuivant.

L'accueil favorable que le public a fait aux diverfes feuilles publiées par la fociété, au fujet du commerce des toiles, engage les membres qui la compofent à faire de nouveaux efforts pour diffiper les préjugés qui favorifoient des méthodes vicieufes de culture & de fabrication.

La manufacture des toiles avoit toujours été l'objet qu'ils jugeoient digne de leur plus grande attention. Cette partie, comme on l'a dit plus haut, étant l'ame

du

commerce du royaume, il étoit très-important de le purger des levains dangereux qui pouvoient altérer la constitution.

La société, après avoir rappellé ce qu'elle avoit publié concernant la perfection de la culture du lin, & de tout ce qui lui est relatif, & dont nous parlerons ailleurs, observe que les obstacles qui s'opposent aux progrès de la manufacture des toiles en Irlande, ne proviennent pas principalement du défaut de connoissances dans la culture du lin, ni de l'achat de la semence de la linette chez l'étranger (*a*), ni même de l'emploi de ce lin (filasse) à moitié mûr ; mais qu'ils doivent être attribués à d'autres vices cachés qu'il s'agit de démêler.

On est étonné, au premier coup d'œil, de ce que les étrangers vendent leurs toiles à meilleur marché que les Irlandois, & cela est d'autant plus surprenant

____

(*a*) L'importation de cette graine est exempte de toutes impositions & droits d'entrée depuis le règne de George I.

que, comme on l'a pu voir ci-devant, le prix du fermage, des terres, celui de leur culture, & la main-d'œuvre du fabriquant, font beaucoup moins cheres dans cette ifle que dans la plûpart des pays, où il fe fabrique des toiles.

La fociété croit donc avoir pénétré une des caufes qui établiffent cette différence.

Elle remarque que la toile fabriquée en Irlande, outre le prix du lin & de fa fabrication, eft encore chargée de celui du loyer des habitations des fabriquants.

Dans tous les cantons où l'on fabrique de la toile, les propriétaires des fonds font dans l'ufage *d'y divifer leurs terres en petites fermes* (a), & de les affermer aux fabriquants un prix double, quoiqu'ils n'y faffent que des demi-récoltes. C'eft vraifemblablement pour fe dédommager

______

(a) On entend par petite ferme une maifon, & deux ou trois acres (mefures) de terres, démembrées d'une plus grande quantité.

de ce loyer exceſſif, que les artiſans re-
hauſſent le prix de leurs toiles, & repom-
pent, en quelque ſorte, l'excédent de
leurs loyers ſur les perſonnes à qui ils les
vendent, & c'eſt ce rehauſſement qui les
rend cheres dans un pays où elles devroient l'être moins qu'ailleurs.

Pour lever ce premier obſtacle, la ſociété
penſe que les propriétaires ne devroient
affermer leurs terres qu'aux laboureurs,
& louer leurs maiſons aux fabriquants,
ainſi qu'il eſt d'uſage chez toutes les nations (*a*). Si le propriétaire y perdoit dans
le commencement, ce ne pourroit être
que fort peu de choſe, il ſeroit dédom-
magé par la ſuite, & l'état en général
en retireroit beaucoup de profit.

La ſociété fait enſuite les obſervations
qu'on va lire.

____

(*a*) Ce fait n'eſt pas vrai. En France ſur-tout, on eſt
dans l'uſage d'affermer des terres & des maiſons enſemble, aux tiſſerands de campagne. Ce qui eſt dit, page 247
du corps d'obſervations de la ſociété de Bretagne, années
1757 & 1758, en eſt déjà une preuve convaincante. Ce fait
donne même lieu à une contradiction qui nous met dans le
cas de demander les éclairciſſements ci-après.

G ij

» Le fabriquant qui eſt tiſſerand & la
» boureur à la fois, *dit-elle*, ne peut la
» bourer ordinairement que la moitié de
» ſa métairie, quoiqu'il paye, comme on
» l'a dit, pour cette récolte, qui ne peut
» être que médiocre, un prix de fermage
» exorbitant.

» Il ne peut être bon laboureur, ni
» bon tiſſerand. On ne nous perſuadera
» jamais qu'un homme qui ne s'occupe
» qu'en partie de la culture des terres,
» puiſſe acquérir les connoiſſances & la
» facilité d'exécution que demande cet
» objet. D'un autre côté, nous regar
» dons comme impoſſible qu'un homme
» à qui les ſoins de l'agriculture déro
» bent la plus grande partie de ſon temps,
» puiſſe être expéditif, propre & adroit
» dans l'exercice de la fabrication des
» toiles. Et d'ailleurs le temps que lui
» fait perdre le paſſage de l'un à l'autre
» genre de travail, eſt un objet qui ajoûte
» encore beaucoup aux inconvénients
» que l'union des deux profeſſions dans

» la même personne nous porte à rejetter«.

On fait ensuite le calcul de la perte que souffre l'artisan comme cultivateur, & le cultivateur comme artisan. Cette perte est évaluée, pour la culture, à la moitié du produit qu'on retireroit en sus de celui qu'on a ; & pour la fabrication, à bien davantage ; par la raison que les profits de l'artisan dépendent autant de la célérité que de l'adresse.

On conclud que par cette réunion des deux occupations sur une même personne, l'Irlande perd au moins la moitié du produit de son industrie ; que deux hommes employés séparément, l'un comme laboureur & l'autre comme tisserand, feroient l'ouvrage de quatre, qui s'occuperoient de ces deux professions en même-temps.

La société exhorte ses compatriotes à sortir du préjugé qui unit depuis long-temps deux arts absolument faits pour être séparés dans leur exercice. » La con-» sidération évidente du double profit

» qu'en recevra la nation, doit y déter-
» miner fans balancer un inſtant (a) «.

Feuille du mardi 18 octobre.

Réuſſir dans un art auquel on ſe con-
ſacre tout entier, eſt un avantage qui
doit ſatisfaire l'ambition humaine. Aſpi-
rer encore au ſuccès dans un autre, ce
ſeroit vouloir franchir les limites générales que le créateur a miſes à notre intelligence. Quand l'amour-propre, ou la
cupidité nous fait perdre de vue cette
maxime, nous en ſommes toujours punis
par le renverſement de chacune de nos
entrepriſes.

La ſociété s'étoit efforcée dans la feuille
précédente d'établir victorieuſement une
vérité ſi importante. Elle avoit fait ſen-
tir combien il étoit défavantageux au
royaume d'unir, ſur une même tête, deux
profeſſions auſſi oppoſées par leur nature

(a) Voyez maintenant ci-après, l'article des éclairciſſements que nous demandons.

que le font celles de *tifferand* & de *laboureur*. Mais ne pouvant fe flatter que le bien général de l'état, fût un mobile affez déterminant pour faire agir chaque particulier, elle a jugé indifpenfable d'examiner jufqu'à quel point l'intérêt perfonnel étoit relatif à l'intérêt général.

L'intérêt général dans l'objet dont il s'agit, étoit inconteftablement de baiffer le prix des toiles pour obtenir l'avantage dans la concurrence.

L'intérêt perfonnel fembloit être de hauffer celui de la main-d'œuvre, afin que le fabriquant retirât un plus grand profit de fon travail. Il y avoit donc une oppofition apparente dans les avantages de l'un & de l'autre.

Mais comme on prouve que par la défunion des deux arts dont on vient de parler, le fabriquant quadruploit la production de fa main, il eft aifé de voir qu'à quelque bas prix qu'on mît les toiles, il trouvoit toujours un profit bien confidérable.

G iv

Le même raisonnement peut être répété & appliqué au laboureur.

Il y a une autre démonstration à faire, c'est que les hommes ayant une aptitude plus grande à un objet qu'à un autre, celui qui sera propre au labour, réussira mal dans la fabrication; & celui qui sera propre à la fabrication, réussira mal dans le labour. Or, il est constant qu'employé à tous les deux travaux, chaque homme perd nécessairement le fruit qui résulteroit de l'application qu'il auroit donnée au travail auquel il est propre. L'intérêt général seroit donc aussi d'accord sur cet article avec l'intérêt particulier, puisque le profit que feroit un homme en s'occupant d'un seul objet, seroit le dédommagement du bas prix, soit de la toile, si c'est un artisan, soit des fruits de sa terre, si c'est un laboureur.

Pour déterminer plus fortement la désunion que la société desire, elle exhorte vivement les propriétaires à ne louer

leurs maisons qu'aux simples fabriquants,
& leurs terres qu'aux seuls laboureurs.

Elle propose encore un autre moyen,
& qui est aussi utile au bien général qu'au
bien particulier.

» Il conviendroit, *dit-elle*, de rassem-
» bler les fabriquants dans de petits vil-
» lages, l'émulation qui naît de la vue
» des progrès d'autrui, augmenteroit
» beaucoup le mérite & le nombre des
» productions de leur industrie. Les lu-
» mières réciproques contribueroient en-
» core bien fortement à l'extension des
» connoissances. Ainsi l'amitié & l'envie
» concourant à la perfection de l'art, on
» pourroit dire qu'on a mis à profit pour
» son accroissement jusqu'aux vices &
» aux vertus «. Cette idée est fondée sur
un exemple. Les meilleurs tisserands de
l'Irlande sont ceux qui vivent dans les
villes. Ils travaillent beaucoup mieux &
beaucoup plus que les autres.

La société qui avoit déjà répondu à
l'objection qu'on lui pouvoit faire sur ce

que la défunion des deux professions diminueroit le prix des affermes des biens
de la campagne , en difant que cet inconvénient ne dureroit qu'un temps , &
que les revenus feroient mieux payés par
la fuite , y trouve un autre avantage.

On a remarqué , *dit-elle* , que le tifferand fonge rarement à amaffer , que
fon foin eft de fe bien nourrir lui & fa
famille , & de fe vêtir convenablement.
Or , l'affemblage des tifferands dans un
même village , feroit que ce lieu feroit
un débouché sûr pour la confommation
des récoltes du laboureur. Les frais de
tranfports d'un village éloigné à une
grande ville feroient évités , & le propriétaire mieux payé, puifque fon fermier
auroit la certitude d'une confommation
plus confidérable ou plus facile.

Il ne peut donc réfulter de la défunion
des deux professions , qu'une utilité générale & particulière: La fociété réïtère
les exhortations qu'elle a faites à chacun
des propriétaires des fermes de la cam-

pagne, de ne louer les terres qu'aux uns
& les maisons aux autres. Elle espère
que les raisons qu'elle a données convain-
cront les esprits, & feront tenter à quelques-uns l'essai de ce qu'elle propose.
» Que les personnes fort à leur aise com-
» mencent ce grand ouvrage, *dit-elle*, &
» bien-tôt il sera généralement suivi.
» L'exemple a bien de la force sur les
» esprits, quand il est donné par ceux
» qui jouissent de la considération qui suit
» l'opulence «.

Feuille du mardi 25 Octobre.

Tous les principes vicieux que la société s'étoit efforcée de combattre dans
les feuilles précédentes, étoient les causes du prix exorbitant des toiles dans
l'Irlande. Peu satisfaite d'y avoir apporté
le remède dont nous avons également
parlé, » il est temps, *dit-elle*, de passer à
» d'autres causes qui concourent à mettre
» l'Irlandois marchand de toiles, hors
» d'état de vendre à un prix raisonnable «.

On se plaignoit avec justice que les toiles, plutôt que toutes les autres marchandises, passoient par plus d'une main avant d'être parvenues au dernier marché, c'est-à-dire, que plusieurs pièces de toiles étoient vendues & achetées à la même foire, trois, quatre & jusqu'à dix fois, dans l'espace d'une heure. On connoissoit pour le moins cinq acheteurs, depuis le tisserand jusqu'au commerçant exportateur.

La société en trouve la raison dans le peu d'activité naturelle des citoyens addonnés à ce genre de commerce. Ils trouvoient préférable à leur mollesse de gagner de quoi vivre en se promenant dans une foire, & ils dédaignoient de s'attacher à des opérations de commerce plus laborieuses.

Cette pratique étoit préjudiciable à l'Irlande, par la raison que ces sortes de marchands ne faisant qu'un trafic très-peu considérable, ils demandoient absolument de grands profits pour pouvoir se soute-

nir. De là on pouvoit penser que si les
acheteurs se multiplioient, il falloit qu'ils
gagnassent nécessairement beaucoup, ou
qu'ils mourussent de faim. Il paroissoit
donc impossible d'empêcher que les marchandises continuassent de se soutenir à
un très-haut prix.

L'érection d'une halle publique pour
les toiles dans le nord de l'Irlande, sembloit avoir détruit en partie, un usage de
foire aussi pernicieux que celui dont on
vient de parler. Un plus grand nombre
d'entrepreneurs employèrent les tisserands à l'année. Ces derniers, encoura-
gés par la commodité qu'on leur procu-
roit au moyen de cette halle publique,
ne vendoient point leurs marchandises
aux marchands qui étoient habitués à les
leur prendre & à les porter dans les foi-
res; ils alloient eux-mêmes vendre leurs
toiles au marché.

La société comble d'éloges les auteurs
de l'érection de cette halle publique, &
encourage fortement tous les tisserands

des lieux voisins à y porter leurs toiles. Elle espère que l'exemple du nord de l'Irlande piquera l'émulation des autres parties de cette isle, & qu'on s'y portera ardemment à le suivre, puisqu'il n'en peut résulter que de grands avantages; & qu'on écartera par-là presque tous les obstacles qui s'opposent à la propagation de l'industrie principale du royaume.

L'auteur ingénieux, qui a fait plusieurs considérations sur la manufacture des toiles d'Irlande, semble être d'accord sur ce point avec la société. Cet homme dont les connoissances ont produit tant d'effets utiles (a), cite quelques autres désavantages de la manufacture des toiles Irlandoises qu'il attribue à l'ignorance

____

(a) La société ne le nomme pas; mais nous présumons avec quelque fondement que c'est M. Cromelin, réfugié François en Irlande, qui a porté les manufactures des toiles, dans cette isle, à la perfection où elles sont aujourd'hui.

Il a été admis membre de la chambre basse du parlement de ce royaume, & il a reçu, outre le remerciement de la compagnie, un présent de dix mille livres sterling au nom de la nation, comme une marque de la gratitude publique.

des bonnes opérations de culture , & de la préparation des filaffes , telles que font celles de rouir, battre , ferrancher , &c. (*a*) , au manque de connoiffances pour la bonne filature , & enfin a tout le vice qui procéde des travaux du tifferand & du laboureur , quand ils font réunis fur une même tête. C'eft ce qui a auffi quelque rapport avec ce que le *chevalier Guillaume Petty* obferve fur le même fujet (*b*).

SOCIÉTÉ DE RENNES.

Les principes fages qui dirigeoient la fociété de Dublin , l'ayant d'abord éclairée, comme on a dû le voir, fur les effets nuifibles du commerce extérieur d'importation en Irlande , fes vues s'étoient tournées vers les moyens de l'affoiblir ; elle s'étoit auffi occupée fortement , par la confidération des avantages du com-

FRANCE.
Province de Bretagne.

(*a*) Nous parlons de ces objets dans la partie du Corps général d'obfervations qui traite de l'agriculture.

(*b*) *Voyez* le troifième volume du Spectateur Anglois , n° 232. Nous en parlerons par extrait dans la partie de notre ouvrage où nous traitons des arts.

merce extérieur d'exportation , du foin
de donner à celui de cette ifle toute
l'extenfion dont il étoit fufceptible.

La vigilance de la fociété de Rennes ,
n'a pas montré moins de chaleur fur les
intérêts de la province de Bretagne ; mais
fon attention s'eft dirigée particulierement fur le commerce intérieur , tant
d'exportation que d'importation , c'eft-à-
dire , fur celui qui n'étoit point maritime , & qui ne franchiffoit pas les limites
de la province , ou celles du royaume de
France.

Les atteintes funeftes que la guerre
avoit portées au commerce extérieur ,
avant que la fociété fût établie , les difficultés d'y remédier lors de fon établiffement , & la connoiffance qu'elle avoit
que ce commerce fe trouvoit entre les
mains de plufieurs négociants inftruits , &
capables de le bien diriger & de l'étendre à la paix , conduifirent par préférence , fon zèle à la recherche des voyes
qui pouvoient procurer le rétabliffement

de

du commerce intérieur , qui , comme l'autre , avoit reçu des échecs.

Pour détruire , autant du moins qu'il étoit poſſible , les cauſes , tant nationales qu'étrangères , qui s'oppoſoient à la ſtabilité du commerce de cette contrée , la ſociété s'eſt d'abord propoſée d'en obſerver les variations. Elle a invité , en conſéquence , les commerçants éclairés à l'aider dans une opération ſi importante , offrant de ſon côté de faire toutes les démarches convenables pour leur obtenir , en toute occaſion , les ſecours qui leur ſeroient néceſſaires (*a*).

Nous allons nous occuper des objets de commerce que la ſociété a jugé devoir ranimer. Nous commencerons par ceux que la ſociété de Dublin avoit jugés dignes de ſa première attention.

______

(*a*) Toutes les délibérations des états de la province , priſes ſur les repréſentations de la ſociété , ne contiennent que des encouragements pour augmenter les productions tant naturelles qu'artificielles , dans la vue d'étendre le commerce d'exportation & celui d'importation. Nous citerons ces délibérations par extrait à chaque article auquel elles auront rapport.

COMMERCE DE TOILE.

C'eſt au commerce des toiles que la ſociété de Rennes a porté principalement ſes ſoins, le regardant avec raiſon comme un des plus importans de la province.

Elle propoſa aux états (*a*) d'exciter les habitans de la Bretagne à mieux cultiver & enſemencer le lin, & à montrer plus d'exactitude dans la préparation de la filaſſe de cette plante & de celle du chanvre. Elle demanda auſſi des ſecours pour parvenir à avoir de meilleures filatures de ces filaſſes, pour obtenir de plus parfaites fabrications & de meilleurs blanchiſſages des toiles.

Les états ne ſe refuſèrent par à ces utiles repréſentations (*b*). Ils répandirent ſur chacun de ces objets des graces & des

______

(*a*) *Voyez* page 31 de ce volume.

(*b*) Délibération du 10 février 1757, art. 2, 7, 9, 10, 14 (*), 23.

(*) L'extrait de la délibération concernant cet article 14, eſt rapporté à la page 32 de ce volume, & les autres le ſeront par la ſuite aux articles qui les concerneront.

encouragements. Ils follicitèrent le mi-nistère : on accorda la suppreſſion de cer-tains droits ; on donna des permiſſions pour diverſes fabrications (*a*).

Ces bienfaits ont fructifié, & les ſuc-cès répondent de jour en jour aux eſpé-rances qu'on en avoit conçues (*b*).

En effet, les encouragements accordés aux imitateurs des toiles de Hollan-de, dont la ſociété a donné des modèles, tant pour la qualité, la longueur, largeur, le blanc & le pliage, ont excité la plus vive émulation, & ſi les premières piè-ces n'ont pas encore atteint le degré d'imi-tation que l'on deſireroit, du moins elles ont été fabriquées de manière à obtenir des gratifications à ceux qui les ont fai-tes (*c*).

Toiles unies fi-nes ou de la pre-mière qualité.

(*a*) Voyez ci-après la partie où nous traitons des arts relatifs à ces fabrications.

(*b*) *Voyez* la partie des arts qui va ſuivre, nous y faiſons mention des progrès de ces ſortes de manufactures, qui deviendront vraiſemblablement beaucoup plus conſidérables à la paix.

(*c*) Nous renvoyons à la partie de cet ouvrage qui a les arts pour objet : on y verra le détail de ces gratifications.

H ij

Si ces progrès s'accroiſſent , il en réſultera une grande diminution dans l'importation que la Bretagne fait des toiles de Hollande , & on aura lieu de ſe flatter d'une exportation de ces toiles dans les provinces du royaume & dans les pays étrangers.

Il en ſera vraiſemblablement de même, des toiles de qualités inférieures , non-ſeulement elles fourniront aux beſoins des habitans de la province ; mais il pourra s'en faire une exportation plus conſidérable que celle qui a eu lieu juſqu'à préſent.

Les toiles unies , appellées *platilles* , avoient toujours été inconnues en Bretagne , c'eſt à la ſociété qu'on doit l'art de les imiter.

Elles ſont génériquement de deux qualités. Il y en a de plus ou moins fines , & de plus ou moins communes. Elles ſe fabriquent ſur les frontières de la *Siléſie* & en *Bohéme.* Les Hambourgeois importoient en Bretagne des dernières qualités, pour alimenter le commerce que font les Bretons en Afrique & en Amérique. Les premières qualités s'importoient aussi en Europe & en Amérique.

La société a pris toutes les mesures possibles pour approprier à la province la fabrication de ces toiles & pour en éteindre l'importation. Elle avoit d'autant plus de fondement dans cette prétention, que l'imitation du pliage & de la presse en étoit très-facile, & que souvent les toiles Bretonnes se plioient d'une manière exactement conforme à celle qui étoit usitée par les fabriquants de Siléfie (a).

Ce qui détermina la société à établir cette fabrication en Bretagne, ce fut un tableau qu'elle se fit donner, du nombre des toiles platilles de *Siléfie* ou de *Bohéme*, importées par les seules villes de *Nantes* & de S. *Malo*, pendant les six années qui ont précédé 1755.

L'année commune prise des produits de ces six années, montoit à quarante-six

____

(a) *Voyez* la partie des arts à l'endroit où il est parlé de ces fabrications.

H iij

mille trois cens onze pièces, qui, évaluée
à raison de cinq livres cinq sols par
pièce, donnoit la somme de deux cens
quarante-trois mille livres cinq sols.

» Par l'établissement de ce genre en
» Bretagne, on peut aspirer, *dit l'écrivain*
» *de la société*, outre l'approvisionnement
» des ports de la province, à la fourniture
» des autres ports du royaume, & même
» à concourir avec celle de l'Espagne «.

Toiles peintes.

Tous ces soins apportés par les fabriquants pour perfectionner les manufactures de la province, & pour imiter celles
des autres nations, devoient nécessairement accroître l'émulation du cultivateur
de lin & du manufacturier qui, par-là,
se trouvoient l'un & l'autre assurés d'un
débouché facile. Cependant il fallut un
nouveau ressort pour exciter cette ardeur
au point que le desiroit la société. Elle
jugea que pour rendre la consommation
plus abondante, il étoit nécessaire de
faire subir à la toile les diverses loix que
le caprice de la mode avoit dictées. L'im-

preſſion faite ſur les toiles en *Siléſie*, à *Hambourg*, en *Ecoſſe* & en *Irlande*, fut un nouveau modèle qu'elle voulut faire copier.

Elle obtint que les états de la province feroient des repréſentations au gouvernement, pour avoir la permiſſion de cette fabrication en Bretagne (*a*).

L'arrêt du conſeil d'état, & les lettres-partentes données en conſéquence le 5 février 1759 ont permis l'impreſſion des toiles; & l'obſtacle *de l'excluſif*, que la ſociété a toujours regardé comme nuiſible à tout genre d'induſtrie, ne ſubſiſte plus.

Une ſpéculation fort ſenſée donne lieu d'eſpérer ſur cet article, un débouché bien conſidérable du côté de l'*Eſpagne*. Il ne s'agit que d'en inſpirer le goût aux Eſpagnols. Deux raiſons con-

______

(*a*) *Voyez* ci-après dans la partie des arts. La ſociété obſerve d'ailleurs que cette fabrication eſt préférable à celle qui eſt permiſe ſur le coton, parce que le lin eſt une plante qui peut être cultivée avec ſuccès en Bretagne, que la filaſſe s'y prépare & s'y file, que la toile s'y fabrique, & que les habitans n'en pourront tirer parti, ſi l'emploi n'en eſt pas diverſifié.

H iv

tribuent à préfumer quelque facilité dans l'exécution de ce projet. La première eft prife du fol, qui, étant fort ardent, y rend les vêtements de toile d'un ufage très-convenable. L'autre raifon eft, que ces toiles peintes tiendront lieu des toiles de coton, dont il eft défendu de fe fervir, de quelque efpèce qu'elles puiffent être.

Cette réflexion eft autorifée par ce que dit *John Cary* (a). « On enlève de leurs « toiles, *dit-il en parlant des Irlandois*, « pour plus de deux millions de verges « par an, depuis qu'il eft permis d'en « imprimer & d'en peindre ».

Il dit plus bas : « La défenfe qu'on a « faite en Angleterre d'ufer des toiles « peintes des Indes, a donné aux manu- « factures, un encouragement infini. Il « s'eft formé à Londres une profeffion de « gens qui s'occupent à peindre & à im- « primer des toiles à l'imitation de l'Ir-

____

(a) Effai fur l'état du commerce d'Angleterre, tom. 1, pag. 198 & 416.

» lande. La vogue s'en foutient toujours «.

C'eft ce qui donne lieu de conclure à la fociété, que ce genre de commerce d'exportation pourroit acquérir des accroiffements confidérables en Bretagne. Une des principales productions de ce pays eft le lin, comme en Irlande. Et l'on ne peut en obtenir de grands & de sûrs débouchés, qu'en en variant la fabrication autant qu'il plaira à l'imagination humaine.

Malgré ces immenfes avantages, la fociété ne crut pas avoir encore affez fait, pour élever la culture du lin au véritable point où elle fouhaitoit de la porter. Son zèle toujours ardent fur cet objet, avoit auffi en vue, l'aifance qu'elle vouloit mettre dans le fort des artifans, & la multiplication de leur nombre. Elle trouva dans l'établiffement des fabriques de toiles ouvrées, de nouveaux moyens d'exercer fa follicitude. Cette fabrication eft d'autant plus avantageufe, qu'elle favorife non-feulement la culture du lin,

Toiles
ouvrées.

mais encore celle du chanvre. Car ces deux qualités de filasse entrent dans cette forte de toile.

Il s'en faifoit une importation confidérable en Bretagne. On la tiroit de la Flandre. Par l'examen que fit la fociété du produit de cette importation , elle fentit combien il feroit utile d'établir une manufacture imitatrice de ces toiles dans la province. Elle a donc fait en conféquence , quelques démarches auprès des états , dont les difpofitions à cet égard donnent lieu de concevoir les plus favorables efpérances.

Tels font les objets d'établiffement qui doivent leur création à la fociété. Elle s'eft auffi portée avec une égale ardeur à la perfection des genres déjà établis. La fabrication des coutils étoit de ce nombre. La province en avoit une manufacture affez confidérable , difperfée dans différentes paroiffes des environs de Rennes.

D'une opinion contraire, à cet fujet ,

au fyftême de la fociété d'Irlande , celle de Bretagne juge qu'il eft avantageux à la fabrication des coutils , d'être entre les mains de gens qui foient à la fois *tiffe-rands & laboureurs.* Le nombre de ces artifans eft confidérable en Bretagne. Dans la feule paroiffe de Meleffe , il y en a trois à quatre cens qui réuniffent les deux profeffions.

» Cette manufacture , *dit l'écrivain de* » *cette fociété* , eft du nombre de celles » qui enrichiffent vraiment l'état & qui » par-là méritent une protection particu- » lière. Tous ces tifferands font cultiva- » teurs. Ce font eux qui font les labours, » les femailles, les récoltes, & qui battent » les grains. Leurs métiers ne les occu- » pent que lorfque la culture des terres » ne demande plus les fecours de leurs » bras. Il n'y a point de momens vuides » pour eux. Les temps d'inaction qui fe » rencontrent dans toutes les faifons de » l'année , les hyvers fur-tout , qui, pour » les autres payfans , ne font que des in-

» tervalles longs & ruineux, où ils con-
» confomment fans acquérir, deviennent
» des temps de bénéfice pour ces tiffe-
» rands cultivateurs. La frugalité atta-
» chée à leur état, l'avantage de n'em-
» ployer à la fabrication que des jours qui
» feroient perdus pour eux fans leur in-
» duftrie, réduit leur main-d'œuvre à très-
» bas prix. Ainfi les étoffes qu'ils livrent
» au commerce n'ont point à craindre
» la concurrence des étrangers (a) «.

La confommation des coutils de cette province fe fait dans fon fein & dans les provinces voifines. Les marchands de *S. Malo*, de *Rennes*, & quelques-uns de *Normandie*, en exportent une grande partie à l'étranger.

Ces toiles font de deux efpèces, que les fabriquants diftinguent par le nom de grandes & de petites. Les pièces de la première qualité contiennent dix aunes, mefure de Paris. Elles font d'une grande

____

(a) *Voyez* ci-après les éclairciffements qu'on demande fur ce fyftême.

beauté : elles fe vendent depuis douze jufqu'à dix-huit livres la pièce. Celles des autres qualités ne contiennent que huit aunes , & fe vendent neuf livres ou environ la pièce.

Ce commerce , tout confidérable qu'il puiffe être ; n'a pas l'extenfion que la fociété defireroit. Les colonies Françoifes qui en font un très-grand ufage , tirent de la Hollande la plûpart de ceux dont elles fe fervent. Il eft vrai que la qualité en eft plus belle ; mais la fociété fe perfuade qu'en excitant l'émulation dans cette partie , & portant l'artifan à imiter les façons de Hollande, on pourroit lutter à force égale dans la concurrence.

L'exemple des fabriquants de Nantes , qui réuffiffent parfaitement dans cette imitation , pourra fervir à démontrer la facilité de l'exécution & les avantages qui en dépendent.

Les coutils de la grande manufacture de cette ville, coûtent, étant pris au magafin , trois livres douze fols l'aune. Ils ont trois quarts de lez , & ceux des manufactures difperfées dans les environs de Rennes, ne fe vendent au plus haut prix, que deux livres cinq fols l'aune.

Cette immenfe difproportion donne lieu de croire à la fociété que fi les coutils de Rennes, n'étant qu'à ce prix , égaloient en beauté ceux de Nantes , la préférence leur feroit adjugée fur ceux de Hollande, dans le commerce de nos colonies ; & elle ajoûte que dans les autres débouchés , il y auroit un gain confidérable à faire.

Il s'agiroit donc de porter les fabriquants à donner à leur coutil la perfection que ceux de Nantes ont déjà fçu acquerir. Les états ont propofé des récompenfes fur les repréfentations de la fociété , & on a commencé à faire quelques efforts pour les mériter. Vû les difpofitions des fabriquants à cet égard , la difficulté ne confifte que dans l'emploi de peignes plus ferrés , & de fils beaucoup plus fins que ceux dont on eft dans l'ufage de fe fervir.

» La confommation de cette efpèce
» d'étoffe dans le royaume, *dit la fociété*,
» & l'exportation qu'en font les ports de
» la Bretagne, foutiendront la vente &
» par conféquent la manufacture ; quoi-
» que le bas prix de la main - d'œuvre
» fuffife pour écarter la concurrence des
» étrangers «.

Un autre objet d'attention de la part
de la fociété, eft la perfection qu'elle
defire, dans la fabrication des mouchoirs
qu'on fait dans les fauxbourgs de la Ville
de Rennes.

Les états avoient accordé à cette manufacture des fecours confidérables ; il y
a lieu d'efpérer que fi leur protection s'é-
tend de même fur les fabriquants qui ne
font pas de cette manufacture, cette fabrication fe perfectionnera, -non-feule-
ment dans les fauxbourgs de Rennes,
mais encore au-delà des limites de cette
capitale, & qu'elle fe répandra aux environs. Mais comme les différentes grandeurs de mouchoirs fe mefurent à-peu-

près fur la qualité des fils qui font employés, la fociété penfe qu'il faut diriger très-férieufement les fabriquants vers le foin de cet objet.

Etoffes, façon de Cholet. Le commerce des toiles, façon de Cholet, dont il s'eft établi près de *Cliffon*, une manufacture qui a réuffi, s'étendra de même que celui des mouchoirs. L'imitation parfaite à laquelle elle eft parvenue, donne de très-grandes efpérances. Ce qui a porté la fociété à fixer fon attention vers ce commerce, c'eft que les toiles de Cholet étrangères, inondoient la province, & qu'elle vouloit faire ceffer une importation auffi onéreufe. » Ces » confidérations, *dit-elle*, ne peuvent » qu'inviter à favorifer un genre d'induf- » trie utile à la culture de la province, » & profitable à une multitude de per- » fonnes de petits états, au lieu de con- » fommer le produit de la culture & de » l'induftrie des provinces voifines.

» Ces fabriquants, *dit ailleurs la fo- » ciété*, font *tifferands* & *laboureurs* à la fois.

» fois. Leurs manufactures font difperfées,
» & ces fortes de manufactures font, à
» tous égards, les plus avantageufes &
» celles qui méritent le plus d'être proté-
» gées. Quoique la fubfiftance foit plus
» chere dans les villes que dans les cam-
» pagnes, la différence en eft moins fen-
» fible pour les manufactures difperfées.
» Les fabriquants de cette efpèce s'habil-
» lent fimplement, vivent de peu, occu-
» pent des logements à plus bas prix &
» font eux-mêmes leurs affaires. Ces dif-
» férents objets mettent une grande dif-
» tance du côté du bon marché entre les
» manufactures réunies par un riche en-
» trepreneur, & les manufactures dif-
» perfées «

Il ne faut pas oublier ici un objet important, c'eft le commerce des toiles à
voiles, dans la fabrication defquelles il
n'entre que de la filaffe de chanvre. Cet
article avoit toujours été foigné, & s'é-

Toiles à voiles, vulgaire-
ment ap-
pellées
noyales
(a).

(a) Ce nom vient de ce que cette fabrication fe fait
dans un bourg près de Rennes, appellé *Noyal.*

toit porté à une très-grande extension ,
il s'en exportoit beaucoup en Angleterre ;
mais ce commerce s'est beaucoup affoi-
bli en Bretagne depuis que l'Irlande &
l'Ecosse , vers la fin du dernier siècle, ont
établi chez eux des manufactures de cette
espèce (*a*). Il a souffert encore d'autres
diminutions depuis qu'en 1742 , on a im-
posé en Angleterre un droit d'un sol par
aune sur toutes les toiles étrangères qui
y sont importées. Le produit de ce droit
sert à la gratification de deux sols par
aune pour l'exportation de toutes les
toiles à voiles fabriquées dans la Grande
Bretagne. La suppression du débouché
que cette isle assuroit , a empêché la société jusqu'à ce jour de s'occuper au rétablissement d'un commerce si avantageux.
Si la Bretagne s'occupoit cependant du
soin de le relever , elle pourroit être assu-
rée de trouver d'un autre côté quelque
dédommagement. La Flandre , & peut

(*a*) Les toiles y sont même appellées du nom de *noyales.*

être même la Hollande, tireroit des toiles à voiles de la Bretagne, plus volontiers que de l'Angleterre.

Telles font les diverfes obfervations qui ont été faites fur le commerce & la fabrication des toiles. Les fociétés dont nous avons rapporté les vues, ont réuffi en beaucoup d'objets, leur zèle a été couronné par l'activité des peuples qui ont fenti l'importance de leurs repréfentations.

ECLAIRCISSEMENTS

NÉCESSAIRES

DEMANDÉS SUR DES OBJETS QUI INTÉRESSENT LE COMMERCE.

I.

Sur les obstacles qu'apportent aux progrès du commerce des toiles, la réunion de l'art de l'agriculture avec celui de la tisseranderie, & la dispersion des fabriquants.

TOUTE pratique a ses principes naturels, mais l'impuissance où se trouve quelquefois l'esprit humain de démêler ces principes, donne lieu à des erreurs qui égarent l'observateur, & le portent à bâtir des systêmes souvent pernicieux & contraires à la pureté de ses vues.

La société de Dublin, qui a été le modèle des autres sociétés de l'Europe, & la société de Bretagne, qui est la première de celles de France, présentent, dans

leurs obſervations, une de ces contradic-
tions manifeſtes , qui ne peuvent que
dégoûter ceux dont les ſecours ſont le
ſoutien des établiſſements.

Il s'agit de trouver le moyen de faire
baiſſer le prix de la main-d'œuvre dans
les fabrications des toiles , & de parvenir
à les perfectionner.

La ſociété de Dublin prétend , pour y
réuſſir , qu'il faut 1º déſunir l'art de la
tiſſeranderie de celui de l'agriculture , &
2º raſſembler en un ſeul village les artiſans qui ſont diſperſés dans pluſieurs (*a*).

La ſociété de Rennes établit, au contraire, comme avantageux les deux points
que celle de Dublin avoit regardés comme nuiſibles & dommageables aux progrès de l'art & du commerce (*b*).

Il eſt donc néceſſaire, puiſque ces deux
ſociétés diffèrent ſi étrangement dans

(*a*) *Voyez* l'extrait de ſa feuille du 11 octobre, pag. 97 ,
98 & 99 , & celui de ſa feuille du 18 du même mois ,
pages 100 , 101 , 102 & 103.
(*b*) *Voyez* l'extrait de ſon corps d'obſervations rapporté
ci-devant, pages 121 & 126.

leurs opinions, que les autres qui font déjà établies, ou celles qui doivent s'établir par la fuite, examinent très-fcrupuleufement les dangers ou les inconvénients des deux fyftêmes. Car on ne peut pas dire à cet égard, que ce qui n'eft pas nuifible dans un pays le peut être dans un autre. La différence des lieux ne fait rien à cet objet. Le climat & la fituation n'ont là-deffus aucune influence.

I I.

Sur cette queftion. Eft-il avantageux de favorifer la fabrication & le commerce des toiles fines dans un pays où les toiles groffières font en poffeffion d'exercer prefque uniquement l'induftrie des artifans ?

Le fage négociant Irlandois, dont nous avons parlé dans cet ouvrage, à l'occafion des différentes obfervations qu'il a faites fur le commerce des toiles, en propofant à la fociété de Dublin d'examiner s'il étoit de l'intérêt de l'Irlande de s'attacher par préférence à la fabrication des toiles fines plutôt qu'à celle des grossières, n'envisageoit point cet objet du côté de l'intérêt politique de l'état ; il ne s'attachoit qu'à celui du particulier. Ainsi ce qu'on a lu de lui à ce sujet, ne doit point servir d'autorité dans la question présente (a).

L'exemple actuel de la société de Dublin est pareillement insuffisant sur ce point, pour tenir lieu de décision. Car si elle porta durant quelque temps ses soins à encourager la fabrication des toiles fines, ce ne fut qu'après que l'Angleterre eut chargé d'impôts les toiles Irlandoises, dont l'importation étoit immense dans ce royaume. Il fallut donc nécessairement s'attacher à des toiles qui, par la hauteur de leur prix, pussent mettre le commerçant en état de supporter les droits excessis que l'on exigeoit.

Cette préférence est donc fondée sur

____

(a) *Voyez* ci-devant, page 92.

la néceſſité ; & conſidérée ſous cette face,
elle ne peut paſſer pour une entrepriſe
nuiſible à l'état ou au particulier.

La ſociété de Rennes , dans l'examen
qu'elle fait de la ſituation de ſa manufacture de toiles, la trouve non-ſeulement
ſuſceptible de plus de perfection dans ſon
objet , mais même capable de parvenir à
la parfaite imitation des toiles de Hollande. Elle paroît, en conſéquence, pen-
cher plus fortement vers la fabrication
des toiles fines que vers celle des autres (a).

On ne peut conteſter qu'elle ne par-
vienne à la perfection de ces toiles ; on
peut aiſément réuſſir en Bretagne à ſemer
& cultiver de beau lin , à en préparer la
filaſſe & la filer auſſi parfaitement qu'en
Flandres. On peut également y atteindre
à la même fabrication des toiles, & à
leur procurer le même blanc qu'on admire
dans celles de Hollande. Il eſt de prin-

(a) *Voyez* ci-devant , pages 113 & 114.

cîpe reconnu, qu'aucune nation ne poſſéde une induſtrie excluſive. Mais l'intérêt
général ſe rencontre-t-il dans cette préférence marquée que l'on veut ſi décidé-
ment donner aux ouvrages de haute valeur ? L'opinion de bien des perſonnes
éclairées ſur la vraie politique du commerce , s'oppoſe à l'adoption du ſenti-
ment de la ſociété de Rennes à cet égard.

Elles commencent par établir qu'un
état en poſſeſſion d'une manufacture de
marchandiſes de la plus grande conſommation , ne doit point penſer à en élever
une autre, quoique de même genre , dans
l'eſpérance d'un produit plus conſidérable , ſur-tout , ſi pour y parvenir il faut
ſouffrir l'altération qui en réſultera infailliblement pour la fabrication habituelle
du pays ; le vuide immenſe qui ſe trouvera dans la conſommation , & le ſort
malheureux de beaucoup d'ouvriers , entrent enſuite dans les conſidérations des
ſpéculateurs dont nous venons de parler.

En effet , on ne peut douter que toute

toile groſſière ne ſoit de la plus grande conſommation. Le nombre de ceux qui en uſent eſt incomparablement plus grand que celui des gens qui uſent des toiles fines, & la quantité d'objets où l'on employe préférablement la groſſière, eſt hors de toute proportion.

En ſecond lieu, tout artiſan, quelque mal-à-droit qu'il ſoit, peut être employé à la fabrication des groſſes toiles. Par l'affoibliſſement de leurs manufactures il ſe trouveroit une foule de bras oiſifs ou inutiles au commerce.

Il y auroit encore bien d'autres ré-flexions à faire là-deſſus. Ce que nous venons d'expoſer doit ſuffire, & être de quelque pouvoir ſur l'eſprit de ceux qui ne deſirent que le véritable avantage de l'état.

I I I.

*Sur les moyens de réduire à un poids & à
une mesure unique , principalement en
France, tous les poids & mesures qui y
sont usités.*

Nombre de gens pensent que s'il y a
eu une langue matrice d'où les autres
soient dérivées, il est à présumer qu'il y
a eu de même un poids & une mesure
matrices.

Plusieurs auteurs attribuent à la *coudée*
Egyptienne, l'honneur d'avoir été la première mesure dont se soient servi les hommes (*a*).

Les peuples de l'Egypte , suivant la

(*a*) La coudée Egyptienne , suivant ce qui est dit dans
les mélanges d'histoire & de littérature , tom 1 , page
14•, quatrième édition, & qui est appellée par les Hé-
breux *amnah* , c'est-à-dire, *mere*, fut vraisemblablement
la mesure matrice des différents poids & mesures qui ont
été introduits sur la terre. On prétend que les anciens
formèrent de cette coudée , leurs grandes & petites mesures. Du cube de cette coudée , on fit les mesures creuses ,
& de la pesanteur du cube d'eau de cette même coudée ,
on étalonna d'abord les poids , & ensuite on étalonna les
mesures creuses , par le volume d'eau de la pesanteur de
ces poids.

Génèse, furent les premiers qui, s'étant dispersés, allèrent habiter les différentes régions de l'univers.

Les plus policés d'entre eux, ou plutôt les plus attentifs à calculer dans l'art des profits résultans du commerce, auquel leur migration avoit donné lieu, fabriquèrent, dans les différentes contrées où ils s'établirent, des poids & des mesures à l'imitation de ceux dont ils s'étoient servis dans le lieu de leur naissance. Mais la fixation de leur pesanteur & de leur contenance ne fut déterminée que conformément à leur commodité ou à leurs avantages.

Les altérations & les falsifications que la cupidité ne manqua pas d'y faire, furent presque par-tout réprimées par les législateurs. De la variété que les loix mirent dans la nouvelle fixation qu'elles furent obligées de faire, est venue sans doute la diversité qui se rencontre aujourd'hui sur ce point, dans la plûpart des villes commerçantes de l'Europe.

Le royaume de France, plus qu'aucun autre, est sujet à ce malheureux inconvénient. Il s'y rencontre jusqu'à de très-petites villes qui jouissent de la dangereuse distinction que leur donnent des poids & des mesures qui diffèrent des autres, non-seulement en pesanteur & en contenance, mais souvent même en dénomination.

Bien des personnes habiles dans le commerce ont regardé, avec raison, un vice de cette nature comme irréformable chez toutes les nations en général, & d'une très-grande difficulté à rectifier dans chaque état en particulier.

Ce défaut a apporté beaucoup d'obstacles à l'extension des différents genres d'objets qu'embrasse le commerce, par la défiance que le manque de connoissances à cet égard devoit naturellement inspirer, & aussi par l'embarras que donnoient les réductions continuelles qu'on étoit forcé de faire dans toutes les opérations du négoce.

La fageffe de nos rois s'eft fouvent exercée à rechercher les moyens d'établir quelque uniformité fur cet objet dans le royaume (*a*). Des citoyens zélés ont fourni même en différents temps, des mémoires propres à détruire les obftacles oppofés à une fi heureufe réformation, & à en maintenir la durée ; mais ç'a toujours été vainement. Des intérêts particuliers fe font roidis contre l'intérêt général ; les loix même qu'on avoit dictées à cette occafion, n'ont eu aucune exécution.

Ces oppofitions funeftes ne fubfifteroient peut-être plus aujourd'hui. Le fiècle eft plus éclairé, les véritables intérêts font mieux fentis (*b*), & les moments font

---

(*a*) Charlemagne, Philippe le Long, Louis XI, François I, Henri II, Charles IX, Henri III & Louis XIV.

(*b*) Il femble aujourd'hui, & l'on peut le dire à la louange de la nation, que l'on commence à abandonner les intérêts particuliers pour s'attacher au bien général. Il eft aifé d'en apporter des preuves. Mais fans entrer là-deffus dans un détail inutile, perfonne n'ignore avec quel défintéreffement & avec quel empreffement tous les ordres de l'état ont offert des fecours pour le rétabliffement de

peut-être plus favorables que jamais pour réuſſir dans une entrepriſe qui a trop long-temps échoué, & qui apporteroit une extenſion certaine dans le commerce du royaume. Il ſeroit donc à deſirer que les diverſes ſociétés qui y ſont établies, propoſaſſent de nouveaux moyens pour faciliter l'exécution d'une choſe ſi deſirable. Nous oſerons les en conjurer par tous les motifs que peuvent inſpirer l'amour de la gloire, joint à l'intérêt de la patrie.

I V.

Sur les moyens actuels de parvenir à la réduction des poids & meſures.

Comme il eſt impoſſible que le projet d'établir des poids & des meſures uniformes dans le royaume, puiſſe avoir de long-temps ſon exécution, il s'agiroit d'abord de travailler à y ſuppléer autant qu'il ſeroit poſſible.

---

la marine, & que les ſommes d'argent offertes ont été meſurées, bien plus ſur le zèle & l'amour général pour la patrie, que ſur les facultés de chaque particulier.

La ſociété de Berne, pour faciliter l'intelligence des mémoires qu'elle rapporte dans ſon journal œconomique, a mis en tête de la première partie qu'elle a diſtribuée, la détermination des poids & meſures uſités dans la ville de Berne, & en a fait une comparaiſon avec ceux de pluſieurs capitales de l'Europe. Elle invite en même temps tous ceux qui ſe propoſent d'écrire ſur *l'agriculture*, le *commerce* & *l'induſtrie*, de ſuivre ſon exemple, ſoit en employant les mêmes moyens, ſoit en en imaginant d'autres, qui puiſſent ſervir d'indication, quand il s'agira du même objet.

M. *Terraſſon de la Barolliere*, membre de la ſociété de Lyon, animé du même deſir que la ſociété de Berne, a préſenté à ce ſujet un mémoire à la ſociété de Paris.

Comme cette dernière ſociété n'a que le perfectionnement de l'agriculture pour objet, elle ſe contenta de donner un petit tableau de la contenance de l'arpent

des

des terres & des mesures des grains ; mais cela ne suffit point pour le commerce.

Il s'agiroit donc de dresser un tableau des différents poids & mesures, & d'en faire la réduction aux poids & mesures d'une des principales ville du royaume. Paris, comme la capitale, semble mériter cette préférence. Ce tableau généralement répandu, faciliteroit les opérations de commerce & l'intelligence des livres qui en traitent.

Les difficultés qui se rencontrent au sujet des diverses mesures des solides & des liquides, quand on veut les rapprocher par les dimensions des grandeurs cubiques ; & les différentes opinions sur la fixation des poids des solides (*a*), nous engagent à supplier la société de faire éclaircir & constater les objets des

______

(*a*) On a jusqu'à présent estimé à Paris que le septier ou boisseau de froment de cette ville, pesoit deux cens quarante livres, poids de marc ou environ ; mais beaucoup de personnes le croyent beaucoup plus fort, & beaucoup le croyent beaucoup inférieur.

demandes qui fuivent. Ils ferviront au but que nous nous propofons.

On voudroit donc fçavoir :

La pefanteur commune, poids de marc, du muid & autres mefures des grains ou denrées des fix dernières récoltes.

Et la pefanteur commune, auffi poids de marc, de chaque mefure des liquides.

DETERMINATION

De la pesanteur des poids, & de la contenance des mesures les plus usitées en France;

Pour servir à y rapporter les mesures & les poids dont on se sert en différents endroits.

DIVERS habitans de ce royaume nous ont communiqué le desir où ils étoient d'avoir une connoissance un peu étendue sur la pesanteur des poids, & sur la contenance des mesures de la capitale, pour y rapporter les poids & mesures des lieux où ils font leur séjour. Nous nous empressons de satisfaire à leur demande, en observant que la détermination qu'on trouvera dans le détail qui va suivre, ne pourra servir, quant à ce qui regarde les formes cubiques des mesures, que jusqu'à ce que la société de Paris ait publié les éclaircissements qu'on lui demande sur le même sujet.

K ij

POIDS.

POIDS DE MARC OU LIVRE DE PARIS (*a*).

Solides & liqui-des.

La livre, poids de marc ou de Paris, pese seize *onces*.

L'once. pese huit *gros*.

Le gros pese trois *deniers* ou soixante-douze *grains*, & le poids d'un grain est celui d'un grain de bled froment commun de Paris (*b*).

Cette livre se divise en $\frac{1}{2}$, en $\frac{1}{4}$, ou quarteron, en $\frac{1}{8}$ ou $\frac{1}{2}$ quarteron, en $\frac{1}{16}$, &c. enfin en $\frac{1}{3}$, en $\frac{1}{6}$, &c.

MESURES.

MESURE RONDE OU MUID.

Solides.

La mesure ronde ou muid, étalonnage de Paris, des grains & denrées, tels que *froment*, *farine*, &c (*c*), radée ou

---

(*a*) Nous ne parlerons pas ici de la pesanteur du poids de table, & autres qui sont aussi en usage à Paris, il est trop essentiel qu'on se borne au seul poid de *marc*.

(*b*) Nous désignons le *froment de Paris*, pour empêcher qu'on ne confonde le froment ordinaire *rouge*, ou de France, qui est celui de Paris, avec le *blanc*, ou avec celui de *miracle* ou de *Smirne*, &c.

(*c*) Les avoines, les charbons & autres denrées ont

raclée, c'est-à-dire, fans grains fur bord, contient douze *feptiers*.

Le feptier contient deux *mines*.

La mine contient deux *minots*.

Le minot contient trois *boiffeaux*.

Le boiffeau contient quatre *quarts* ou feize *litrons*.

Et le quart ou le litron eft de trente-fix *pouces cubiques*, pied de roi.

Le muid fe divife en $\frac{1}{2}$, en $\frac{1}{4}$, en $\frac{1}{8}$, &c. en $\frac{1}{3}$, &c.

VAISSEAU, FUTAILLE OU MUID.

La mefure des denrées, telles que *huille*, *vin*, &c. jaugeage de Paris, appellée encore communément *muid*, contient trente-fix *feptiers*. Liquide.

Le feptier contient quatre *pots*.

des mefures qui leur font propres. Les unes fe mefurent comble, c'eft-à-dire, fans être raclées, & les autres fe mefurent raclées. Mais comme il eft auffi intéreffant de rapporter la mefure locale à celle de Paris la plus facile à défigner, & qu'il eft poffible de le faire affez aifément, jufqu'à ce que la fociété de Paris ait indiqué le poids certain de chaque nature de denrées, nous avons cru qu'il étoit fuffifant de ne parler que du *muid*. *Voyez* ci-devant page 143 a la note le poids que l'on eft dans l'ufage feulement, de donner au froment.

Le pot, deux *pintes.*

La pinte, deux *chopines* ou *septiers* improprement dits.

La chopine, ou septier improprement dit, contient quatre *poiſſons.*

Et le poiſſon contient *ſix pouces cubiques*, pied de roi.

Ce muid ſe diviſe auſſi en $\frac{1}{2}$ muid ou feuillette, en $\frac{1}{4}$ de muid ou $\frac{1}{2}$ feuillette, en $\frac{1}{8}$, &c. en $\frac{1}{3}$, &c.

PREMIÈRE MESURE LONGUE.

Etoffes. La première meſure longue des marchandiſes, telles que *draps, toiles,* &c. vulgairement appellée *aune*, aunage ou étalonnage de Paris, eſt de la longueur de *trois pieds ſept pouces huit lignes*, pied de roi.

L'aune ſe diviſe en $\frac{1}{2}$, en $\frac{1}{4}$, &c. en $\frac{1}{3}$, en $\frac{1}{6}$, &c.

SECONDE MESURE LONGUE.

Bâtimens &c. bois quarrés & planches, &c. La ſeconde meſure longue des artiſtes & artiſans, vulgairement appellée *toiſe*, étalonnage de Paris ou de pied de roi, eſt de la longueur de *ſix pieds de roi.*

Le pied de roi a douze *pouces.*

Le pouce, douze *lignes.*

Et la ligne, ſix *points.*

On diſtingue trois ſortes de toiſes, la courante, la *quarrée* & la *cube.*

La *courante* eſt celle où l'on ne meſure que la longueur d'un objet.

La *quarrée* eſt ſix pieds en longueur & ſix pieds en largeur, ce qui forme un quarré de vingt-quatre pieds.

La *cube* eſt ſix pieds de tous ſens, en longueur, en largeur, hauteur & profondeur ; celle-ci contient deux cens ſeize pieds cubes.

L'une & l'autre de ces toiſes ſe diviſent en $\frac{1}{2}$, en $\frac{1}{4}$, en $\frac{1}{8}$, &c. en $\frac{1}{3}$, &c.

PREMIÈRE MESURE QUARRÉE.

La meſure quarrée des bois, étalon-nage de Paris, vulgairement appellée *corde, voie,* contient huit pieds de roi de long, ſur quatre pieds de haut.

Bois à brûler.

Tous les bois qui ſe meſurent ainſi, ſont ceux au-deſſous de dix-ſept pouces, pied de roi, de groſſeur, & ils ont la longueur de trois pieds & demi de roi, un pouce plus ou moins.

Elle se divise en $\frac{1}{2}$, en $\frac{1}{4}$, &c. & en $\frac{1}{3}$, $\frac{1}{6}$, &c.

SECONDE MESURE QUARRÉE,
ou superficielle terrestre.

Terres. La mesure des arpenteurs, appellée *arpent royal*, contenance de Paris, contient cent perches quarrées en superficie (*a*).

La perche, vingt-deux pieds de roi, qui font quatre cens quatre-vingt-quatre pieds quarrés, également en superficie.

Cette mesure se divise en $\frac{1}{2}$, en $\frac{1}{4}$, &c. en $\frac{1}{3}$, en $\frac{1}{6}$, &c.

Nota. Les cent livres poids de marc pesant, forment le *quintal* de Paris.

Avec ce tableau on pourra aisément, par une règle de trois, rapporter ou réduire les poids & mesures des différents lieux à ceux de Paris.

(*a*) *Voyez* ci-devant à l'article des secondes mesures longues ce que c'est que le pied quarré, on peut désigner de même la perche quarrée.

ARTS

SOCIÉTÉ DE DUBLIN.

ARTS ET MÉTIERS.

LE tableau de la nature, dont l'œil du Philosophe tire le sujet des plus sublimes méditations, nous fait voir quelquefois une colline qu'un nuage passager arrose. L'aridité s'efforce en vain de régner aux environs ; les terres qui sont voisines de ce côteau fortuné, se ressentent de son bonheur, & les eaux qu'il avoit reçues avec abondance, filtrent & pénétrent dans leur sein.

Il en est de même des secours que les *arts & métiers*, l'*agriculture* & le *commerce* se prêtent mutuellement ; la liaison qu'ils ont entr'eux, est si intime, qu'on ne peut verser sur l'un d'heureuses influences d'accroissement & de prospérité, sans faire jouir les autres, des douceurs, de l'opulence & de la félicité.

Corps d'Observations. Tom. I.   L.

La société de Dublin, convaincue de cette maxime, a pensé que les *arts & métiers* devoient être examinés avec ces regards appliqués & méditatifs qu'elle avoit portés sur le commerce & l'agriculteure, ces bases éternelles du bonheur d'un état.

Nous allons donner, dans l'extrait suivant, le résultat de ses observations, qui ont d'abord l'*art hydraulique* pour objet.

Feuille du mardi 19 avril 1736.

Hydrau-
lique ou
art d'éle-
ver des
digues &
de dessé-
cher les
marais,
&c.

La grande quantité de terres toujours inondées qu'il y avoit en Irlande, devenoient inutiles à leurs propriétaires : elles étoient même funestes par leurs exhalaisons, à la santé des hommes & des animaux. Il étoit donc très-important de travailler aux moyens de les garantir des inondations futures.

L'exemple des succès que de pareilles entreprises avoient eus dans les autres royaumes d'Angleterre, & dans les terres même de de quelques habitans d'Irlande,

a fervi de *bouffole* à la fociété pour gui-
der les propriétaires de fonds, dans une
route pénible , mais infiniment fructueufe ; car les terres engraiffées par le
limon que les eaux apportent , deviennent du plus grand produit lorfqu'elles
ceffent d'être inondées.

En conféquence, la fociété commence
par donner les moyens d'empêcher les
inondations des grandes marées , & enfuite, elle indique comment l'on peut empêcher les débordements des rivières.

CONSTRUCTION DES DIGUES SUR LE BORD DE LA MER.

Pour éviter qu'un terrein ne foit fubmergé , il s'agit d'oppofer aux eaux une
digue , & cette digue doit fe former
ainfi :

Le foffé qu'on creufera aura dix à douze
pieds de large fur deux ou trois pieds de
profondeur , & plus ou moins , fuivant le
degré d'élévation dont la digue aura befoin : ce qu'on déterminera parfaitement

par la hauteur des plus hautes marées.

Lorſque la terre fera couverte de gazons, on les enlevera en mottes quarrées,
& ils ferviront à revêtir la digue.

On jettera du côté de la mer, à la
diſtance de deux ou trois pieds du bord
du foſſé, la terre que l'on tirera de
cet endroit, & on élevera la digue d'un
pied & demi ou environ fur la hauteur
de la mer que l'on aura déterminée.

On applatira alors cette furface fupé-
rieure qu'on maintiendra de niveau, dans
la largeur de deux pieds au-delà de cette
étendue; on la fera aller en talus vers la
mer. On donnera à ce talus quinze ou
dix-huit pieds ou environ, toujours à
proportion de l'élévation de la digue: de
façon qu'un pied de hauteur perpendiculaire employe deux pieds & demi ou trois
pieds de pente. Du côté des terres ou du
foſſé, un talus de huit à neuf pieds de
longueur ou environ fera fuffifant, ce qui
donnera un pied & demi de pente par
pied de hauteur perpendiculaire.

On couvrira alors cette digue des gazons que l'on aura réservés , sur-tout du
côté de la mer, en commençant par le
pied du talus , afin de briser les vagues
des eaux dans les marées ordinaires , &
empêcher qu'elles ne minent la digue.

Comme il seroit dispendieux de se procurer assez de gazons pour couvrir toute
cette digue, on conseille d'unir & de di-
viser au printemps, avec un rateau de fer,
les terres qu'il y aura de reste des talus
non couverts , & d'y semer très-épais de
la graine de *foin*. Les herbes qui en naî-
tront se faucheront en deux mois ; la
pente douce & ces herbes serrées par les
racines, pareront aux vagues des marées
les plus fortes , & empêcheront que la
terre ne soit entraînée ou ne s'éboule.

La société s'élève ensuite contre l'usage
des constructions des murs à chaux & des
chaussées perpendiculaires couvertes de
gazons , que l'on formoit à dessein
d'empêcher les inondations des rivières.
Elle s'y oppose, parce que ces constructions

& élévations , non-seulement seroient trop difpendieufes, mais en même-temps de peu de réfiftance aux flux & reflux des eaux de la mer , attendu le défaut de talus. Les mêmes obftacles ne fe rencontrent point dans les digues qu'on propofe : la pente étant douce & infenfible , les eaux ne trouvent aucune réfiftance, & le foffé fournit les terres néceffaires pour l'élévation des chauffées.

Un autre avantage qui réfulte des foffés , c'eft le deffechement affuré du terrein qu'ils borderont, puifque toutes les eaux , tant pluviales que celles qui pourroient fe trouver fur la furface de la terre s'y renfermeront , & que par le moyen d'une éclufe qu'on confeille de conftruire dans la partie la moins élevée, & qu'on ouvrira à mer baffe ou qu'on fermera à mer montante, elles prendront leur cours dans la mer.

On engage à élever ces digues dans un été fec , & de les finir avec beaucoup de célérité, de crainte des inondations accidentelles.

On cite un mylord *Lymmerick*, qui, au moyen de ces digues, a fertiliſé cinq cens acres *(a)* de marais ; l'on aſſure que par cette voie, les comtes de *Cambrigde*, de l'*Incoln* & autres d'Angleterre, s'en font appropriés des millions, & enfin on remarque que la Hollande ſe trouve jouir auſſi des avantages que l'on préconiſe.

Lorſqu'on ne trouvera que du ſable, *dit cette ſociété*, dans l'endroit où l'on voudra élever la digue, il faudra donner au foſſé beaucoup plus de largeur, & au talus beaucoup plus d'étendue que nous ne l'avons dit : de même ſi la graine de foin n'y croît point, il faudra y ſemer des graines d'herbes marines ou de marais, & mêler parmi le *ſable*, des *pailles*, des *branches d'arbres*, & y enfoncer des *pieux*, afin de les contenir.

S'il ſe trouvoit, *pourſuit cette ſociété*, quelque paſſage étroit ſervant à l'écoule-

---

(a) Meſure de terres qui contient 36602 & demi - pied de roi de France, ou environ trois quarts de notre arpent, qui contient 48400 pieds.

ment des eaux du terrein vers la mer , &
que celles de la mer les y refoulaſſent
& coulaſſent elles-mêmes par ces rigoles,
pour inonder la plaine, il faudroit recourir à la conſtruction d'une forte écluſe
dans le plus bas endroit du canal , élever
de bonne maçonnerie en talus pour la
ſoutenir , & un fondement ſolide de bois
ou de pierres larges , ſur leſquelles l'eau
pût couler ſans creuſer. On éléveroit enſuite la digue de ſable , ou de toute autre
terre qu'on auroit ſous la main, de chaque
côté de cette écluſe , comme on va l'en-
ſeigner.

On conſeille de commencer par l'écluſe , lorſqu'elle ſera néceſſaire , avant que
de penſer à la digue : par la raiſon que
cet endroit ſe trouvant le plus bas , &
par conſéquent celui qui doit être le plutôt & le plus ſouvent inondé , ſoit par les
eaux de la mer , ſoit par celles du terrein
qui doit être deſſéché , il ſera facile de
continuer la digue tout le long du terrein
qu'on trouvera plus élevé. On enclora in-

fenfiblement par cette précaution tout le terrein fujet à inondation , fans rifquer de fe voir arrêté par les eaux de la mer , & par celles qui doivent s'écouler ; car autrement ces dernières , en fe gonflant faute d'écoulement , renverferoient la digue & empêcheroient la conftruction de l'éclufe.

On obferve que fi par accident les eaux furpaffoient la digue & la rompoient , on en arrêteroit le progrès en y appliquant diligemment de la *toile* , & ce remède étant employé à temps , l'eau traverfera la digue fur la toile , & n'entraînera pas les terres de la digue.

Feuille du mardi 26 avril.

Dans cette feuille on traite des moyens d'élever des chauffées pour empêcher l'inondation dans les terreins bas ,& à portée des rivières.

L'Irlande étoit un royaume autant affujetti aux inondations des rivières qu'à celles de la mer. En effet, ce pays eſt le plus pluvieux de l'Europe, & les rivières ſont dans le cas de s'y goufler fréquemment ; mais on peut apporter remède à ces ſortes d'inondations plus aiſément, & moins diſpendiculement qu'à celles des eaux marines.

Après avoir indiqué les cauſes de ces fréquentes pluies, la ſociété conſidére les avantages qui réſulteroient pour le commerce de ce royaume, & la fertilité des terres baſſes, ſi on élargiſſoit & approfondiſſoit les lits des rivières qui les ſerpentent, & ſi on contenoit ces eaux dans des bornes convenables.

» Par-là on rapprocheroit, *dit-elle*, les par-
» ties plus éloignées de l'Irlande, en éta-
» bliſſant entr'elles un commerce prompt
» & facile, & les terres couvertes d'eau
» par les pluies en hyver & par les débor-
» dements en été, ne reſteroient plus
» inutiles ; les mauvaiſes herbes qui y
» croiſſent, feroient place aux produc-
» tions les plus recherchées.

› Les foins des prairies qui avoisine-
› roient ces rivières, & qui font les meil-
› leurs, ne fe trouveroient plus fablés
› comme ils l'étoient lorfque les eaux
› les couvroient avant d'être fauchés.
› On les auroit d'une meilleure qua-
› lité lorfqu'ils ne fe trouveroient plus
› fubmergés après leur coupe, & on ne
› fe trouveroit plus en rifque de les voir
› fe difperfer & flotter au gré des ondes
› étant coupés.

La fociété cite la légiflature d'Angleterre, qui y pourvoit lorfqu'on fe plaint
de ces inondations; on oblige les propriétaires des canaux des paroiffes voifines, d'en curer les lits, de les élargir &
d'en réparer les digues. Par cette répar-
tition du travail que l'on fait ainfi, les
dépenfes n'accablent point les perfonnes
plaignantes. Il feroit donc intéreffant,
ajoute cette fociété, que ce réglement eût
également lieu en Irlande.

On démontre enfuite l'immenfe étendue des terres de ce royaume, qui fe trou-

ve inondé chaque année. On indique les moyens de parer à ces inconvénients, jufqu'à ce que la légiflature ait prononcé : les voici.

CONSTRUCTION DES DIGUES SUR LE BORD DES RIVIÈRES.

On élévera des chauffées ou digues en talus, femblables à celles qui font recommandées d'abord, dans la feuille précédente, en obfervant les proportions à l'égard de la hauteur à laquelle pourroit s'élever l'eau, & en fe réglant fur la force que cet élément pourroit prendre pour brifer les digues, que l'on n'auroit pas fçu difpofer convenablement : mais dans la crainte de ne pouvoir faifir précifément les proportions néceffaires, on confeille de faire le foffé de fix pieds de largeur & de cinq de profondeur. La chauffée fera éloignée du foffé d'un pied & demi, & aura quatre pieds de hauteur. La longueur de fon talus, qui fera du côté de la rivière, doit être de dix pieds, & de fix du côté qui regarde le foſſé , & enfin le haut de la chauſſée aura un pied & demi de largeur.

Une chauſſée élevée dans cette proportion , ſera en état de s'oppoſer à la plûpart des débordements ; car il y a lieu de préſumer que peu de rivières ne ſe gonflent point en ce royaume au-delà de deux ou trois pieds au-deſſus de leur niveau ordinaire. Cependant ſi on prévoyoit un plus haut gonflement, il faudroit en donnant au foſſé la même forme , augmenter la hauteur de la digue à proportion , & de façon qu'elle excédât toujours d'un pied , les plus grands débordements. On recommande de ſemer ſur ces chauſſées, comme ſur celles de la mer , des herbes de prairies, parce que l'on juge cette méthode préférable à celle de les revêtir de gazons.

Ces chauſſées ſeront placées à une diſtance convenable de la rivière , & dans une poſition à ne point reſſerrer ſon lit, parce qu'alors les eaux s'élevant davan-

tage, il faudroit élever les chauffées beaucoup plus qu'on ne fait, & les conftruire
plus fortes qu'on ne le propofe ; autrement on rifqueroit de les voir enlevées
par les efforts des torrents, &c ; événe-
ment que l'on n'encourre pas, en laiffant
les diftances néceffaires ; c'eft-à-dire,
cinquante ou cent pieds, & quelquefois
davantage d'efpace, entre le bord de la
rivière & la chauffée qu'on fe propofe
d'élever (a).

L'efpace qu'on laiffe n'eft point perdu : il fournit de bons pâturages dans
les années féches. On peut même y planter des *ofiers*, des *faules* & autres arbriffeaux aquatiques, qui, outre les profits
qu'ils donnent, fervent à garantir la chauffée contre les tempêtes & les débordements. La feule attention à prendre, eft
de n'en point planter fur la chauffée,
parce que les vents pourroient l'endom-

______

(a) Cette méthode eft celle qui eft pratiquée dans l'ifle
d'*Ely*. On y voit des digues éloignées de la rivière de
trois cens à fix cens pieds ; auffi font-elles très-fûres à
cette diftance.

mager en agitant à leur gré ces arbres, & en ébranlant leurs racines.

On passe ensuite au calcul des dépenses que ces constructions pourroient occasionner ; à en juger par celui qu'on présente dans cette feuille, il semble que la toise d'une digue ne revient pas fort cher, & qu'on peut être remboursé, en peu de temps, de ses avances, par les belles & abondantes productions qu'on aura mises à l'abri des eaux ; mais comme ces espérances de dédommagement, dépendent de la situation des lieux, de la nature de la terre où il faut creuser, du bon marché de la main-d'œuvre, &c, on ne peut s'y arrêter en tout autre pays qu'en Irlande ; c'est pourquoi nous ne rapporterons pas ce détail.

On termine cette feuille en excitant les fermiers & autres à s'adonner à la formation des *digues.*

Feuille du mardi 3 mai.

Il faut regarder cette feuille comme

un fupplément aux deux précédentes. Elle contient de nouvelles inftruction non moins utiles que les premières pour les conftructions des digues & chauffées.

On a réfléchi fur les dimentions que l'on devoit donner aux digues, celles qu'on a fixées ne pouvant raifonnablement s'exécuter que dans les cas ordinaires.

En effet, les hauteurs des marées & des eaux des rivières peuvent être fixées juftes dans un endroit, & ne l'être pas dans un autre ; cela dépend de la fituation & des circonftances. En conféquence on exhorte à faire les obfervations néceffaires avant de conftruire les digues fur le degré d'élévation où fe portent les eaux qu'elles doivent contenir.

La diftance de deux pieds au moins qu'il faut entre la digue & le foffé, eft indifpenfablement recommandée à caufe des éboulements des terres de la chauffée, ou de celles du bord du foffé, & pour qu'on puiffe avoir la facilité de rejetter

Jetter la terre qui se seroit éboulée dans le fossé. On expose ensuite les dépenses pour les réparations & les réformations de construction qui pourroient être occasionnées, si on entreprenoit l'opération contraire.

On indique la saison du printemps ou le commencement de l'été comme très-favorable à cette exécution, parce que, comme on l'a déjà vu dans une des feuilles précédentes, on ne peut craindre alors d'être arrêté ou détourné par les débordements ; & l'accroissement des herbes semées sur le talus, dans la longueur dont on aura étendu la digue, se trouve accéléré & en même-temps infaillible.

Les eaux des rivières & celles de la mer ne sont pas les seules qui nuisent. Les terreins bas sont souvent couverts d'eaux qui descendent des terres élevées. La société propose pour y remédier de pratiquer des fossés, d'un bout à l'autre, des champs élevés qui environnent ces terreins inondés. La terre de ces foſſés ſervira pour élever une digue ou chauſſée du côté des terreins bas , & les lits intercepteront les eaux qui découleront des terreins hauts , on leur donnera enſuite une pente qui pourra envoyer leurs eaux vers quelque lit de rivière pour s'y écouler.

On convient ici que ſouvent les eaux des débordements améliorent les terres en certains endroits par des limons ou des vaſes qui forment de vrais engrais ; mais on trouve que le long ſéjour de ces eaux eſt nuiſible.

On laiſſe le propriétaire maître de faire un choix des avantages que l'on a détaillés avec ces derniers qu'on expoſe ; & de prendre le parti le plus avantageux. Cependant on conſeille dans le dernier cas de ne laiſſer entrer par la voie de l'écluſe qu'on placera dans la digue , que la quantité d'eau néceſſaire pour obtenir les portions ſuffiſantes de ces engrais propres à bonifier les terres , & de lui donner ſon cours par une autre écluſe placée

dans une position propre à son écoulement.

Les inondations se trouvant alors au pouvoir d'un propriétaire, il peut en user à propos & avec précaution. On répéte que la saison du printemps est la plus convenable à ces opérations, & que l'instant de la diminution des débordements, est le plus favorable pour ouvrir les écluses d'entrées, parce qu'alors l'eau troublée par la vase, n'ayant plus tant d'agitation pour s'écouler, s'épure facilement, & dépose le limon fertile (a). Dès que l'eau sera claire, on la fera écouler par l'écluse de sortie.

On trouve que deux ou trois jours d'inondations ne peuvent nuire aux plantes, qu'elles engraissent la terre sans apporter de préjudice, mais que plus longtemps elles nuisent.

Avant de finir cette feuille, on indique la manière de percer une chaussée, ou

______

(a) C'est ce limon qu'on nomme en bien des endroits *coulains, vases, boues, mares,* &c.

le canal de quelque moulin, qui traverfera une prairie baffe, & dont l'élévation empêchera que l'eau qui fera d'un côté, ne paffe dans celui qui fera propre à fon écoulement. Toute l'opération confifte à y placer un tuyau, en le fixant avec de la poix ou de la terre glaife fous le fond du canal.

Cet exemple peut s'exécuter dans les terres qui ont befoin de ces écoulements, foit que les eaux s'y trouvent arrêtées par des chemins, foit par tout autre obftacle.

SOCIÉTÉ DE BERNES.

 La fociété de Bernes, non moins attentive que celle de Dublin à tout ce qui peut concourir au bien de l'agriculture, a tourné également fes vues fur cette partie de l'*hydraulique*, qui a pour objet la manière d'*élever les digues*, & de *deffécher les terreins inondés.*

La queftion qu'elle a propofé à ce fujet en 1760 (*a*), a été réfolue au gré de fes

____

(*a*) Il s'agiffoit de déterminer » *quelle étoit la meil-*

defirs, & elle vient de publier la differta-
tion qui lui a paru mériter la couronne.
Nous trouvons dans cette pièce des objets relatifs à l'art dont nous venons de
parler, & nous croyons en devoir donner un extrait un peu étendu.

Le plan de cette diffetation confifte :
1° dans la defcription des différentes
efpèces de marais. 2° Dans l'indication
des moyens de les deffécher. 3° Enfin,
dans l'emploi utile des terres qu'on a
mifes à fec.

Nous fuivrons le même ordre dans le
compte que nous allons rendre. Dans la
première partie nous commencerons,
avec l'auteur, par la defcription des différents genres de terres qui compofent,
enfemble ou féparément, le fol ordinaire
des marais, & nous ferons enfuite la defcription de leur fituation.

» leure méthode de rendre fertiles toutes fortes de terres
» marécageufes «.

M iij

Description de la nature des différentes espèces de terres qui composent, suivant l'auteur, le sol ordinaire des marais.

Première espéce de terre ma-resque.

M. de *POLIGNAC*, (qui est l'auteur de la *dissertation*) commence par la *terre meuble*, appellée en Allemand *moorichtes-land* (a).

» Cette terre, *dit-il*, est la plus commu-
» ne, & celle qui forme ordinairement
» le sol de la plûpart des marais. Elle est
» belle, fine, spongieuse, noire & sus-
» ceptible de recevoir & de conserver l'hu-
» midité, ce qui la rend très-pesante. Dans
» certains marais on la trouve sous le
» gazon ou la mousse, par couches ou
» lits assez épais, quelquefois formant le
» premier sol de l'épaisseur de quatre à
» cinq pieds, d'un travers de main, &
» quelquefois formant la totalité des dif-
» férents sols d'un marais « ; c'est-à-dire,

____

(a) C'est apparemment cette terre que nous connoissons en France sous le nom de *limon* ou de *tourbe limonneuse.*

d'une grande épaisseur en profondeur

Elle reffemble fi parfaitement à la *tourbe* qu'on peut s'y méprendre , mais ce qui l'en diftingue , c'eft qu'elle ne s'attache pas aux doigts lorfqu'on la touche ; elle eft dépouillée de racines & ne fe durcit pas étant féchée , elle fe divife , au con-traire, & tombe en poufliére. Etant pure & féche fans mélange , elle eft de couleur noirâtre ou d'un brun obfcur. L'auteur la compare à la terre qui fe trouve dans les troncs d'arbres de *faules* , &c. creux & pourris ; & il conjecture par-là qu'elle n'eft compofée que du marc des plantes putréfiées & corrompues , elle eft fouvent mêlée avec un peu de fablon..

On trouve ordinairement au-deffous de ce lit de *terre meuble* , une couche d'*argille* gluante tirant fur le bleu , & quelquefois la *tourbe* dont nous parlerons.

Selon le degré d'humidité de cette terre , il croît fur fa furface diverfes efpèces de plantes, qui prennent de même différentes qualités, à proportion de l'humidité du terrein.

Si le terrein est très-humide, il produira toutes sortes d'herbes, appellées en Allemand *lisch* (a) ; s'il l'est peu, on y trouvera de ces herbes dont on forme les litières des bestiaux, & s'il l'est extrêmement, il n'y croîtra que de la *mousse*, de la *bruyere*, & quelques brossailles de *pins* çà & là.

Seconde espèce de terre marécfque.

La seconde espèce, que les Allemands appellent *sumpfland*, & qui est un limon *argilleux*, *vaseux* & *poreux*, est celle qui de loin, ou au premier coup d'œil, ressemble à la première dont nous venons de parler ; elle est noire & molle, elle diffère de la terre *limonneuse-tourbeuse*, en ce que celle-ci n'est pas noire & nette ; elle est d'une couleur noire pâle étant sèche, elle se durcit assez, & ne se pulvérise pas. Le limon qui la compose est

_____

(a) Nous connoissons en France ces herbes sous le nom de *roseaux*, d'*iris sauvage*, &c. Ces herbes servent à couvrir les maisons & à faire des abrivents.

mélangé d'*argille bleue noirâtre* : étant molle, elle eſt gluante, elle a l'odeur de la fange d'un étang, étant ſéchée par le ſoleil. Elle attire facilement l'humidité & la conſerve même long-temps ; elle produit des mêmes herbes que la précédente, & au-deſſous de ce ſol on trouve un lit ou couche de *glaiſe*.

On admet pour la troiſième eſpèce, l'*argille* ou la *glaiſe* ; on les diſtingue, *dit l'auteur*, par la couleur ; les unes ſont bleuâtres & produiſent des *joncs*, de la *prêle* & autres herbes rudes de même eſpèce ; d'autres ont une couleur plus claire, & tirant ſur le blanc ; & enfin d'autres ſont graſſes, de couleur très-obſcure, & preſque ſemblable à celle de la terre de la ſeconde eſpèce dont nous avons parlé. Lorſque ces dernières *argilles* ne ſont pas humides, elles produiſent de l'herbe aſſez bonne. Troiſiè-
me eſpè-
ce de ter-
res ma-
reſques.

La quatrième eſpèce eſt la *tourbe*. Cette terre eſt une ſubſtance entremêlée de plantes ou de racines, ce qui la fait reſ- Quatriè-
me eſpèce
de terre
mateſ-
que.

sembler à un assemblage de *filaments*, de *fibres* ou de *filets* unis & entrelassés l'un dans l'autre ; & la matière bithumineuse qui l'arrose sans cesse, fait qu'elle brûle au feu sans faire de charbons. La couleur de cette tourbe est d'un noir ou d'un brun foncé, quoiqu'elle soit molle & tendre, & qu'elle se béche facilement lorsqu'elle n'est pas dépouillée de son humidité ; elle se durcit, & elle est collante lorsquelle est séche. Elle ne se trouve presque jamais sur la surface, elle est, comme nous l'avons déjà dit, au-dessous de la terre limonneuse.

Dans tous les marais, la terre tremble sous les pieds lorsqu'on y marche, mais celle qui occasionne un plus fort tremblement, est celle où il se trouve de cette *tourbe*. Sa nature spongieuse qui en est la cause, fait qu'on appelle les marais dont les sols en sont composés, *marais tremblants*. Ils produisent encore ces herbes maresques déjà nommées, qui sont très-rudes & très dures, selon le degré d'humidité du marais, ou selon l'épaisseur de la couche ou lit de *tourbe*. Quelquefois cette épaisseur est de cinq pieds & plus, quelquefois elle est beaucoup moindre. Lorsque ces lits sont très-épais, les plantes qu'ils produisent, sont fort mauvaises.

On trouve souvent sous ce lit de tourbe, un lit de *terre-glaise-visqueuse*, & d'une nature peu susceptible d'écoulement, d'autres ont, mais rarement, un lit de *sable*.

On distingue différentes espèces de tourbes. La brune pâle ou rougeâtre qui renferme beaucoup de filaments & de racines, & qui n'est guères chargée de matières bithumineuses : elle brûle bien & ne fume pas autant que celle qui est noire & dure, & qui contient beaucoup de bithume ; mais elle a moins de chaleur. La meilleure est celle qui tient un milieu entre l'une & l'autre. Si la tourbe est mêlée avec une terre argilleuse, ou quelqu'autre terre, le fond reste toujours peu fructueux.

Ce font là, *dit M. de Polignac*, les principales efpèces de terres qui forment les marais ; il peut fe trouver de ces marais , *ajoute-t-il*, dont le fol fera compofé de *tuf fablonneux* & de peu d'*argille* ; ceux-ci font ftériles tout auffi long-temps qu'ils reftent humides ; & il y en a d'autres qui font falans ; mais comme les premiers font en petite quantité , & que les autres ne fe trouvent pas en *Suiffe* , il n'en parle pas ; il paffe aux fituations des marais.

Defcription des différentes fituations des marais.

Après avoir décrit la nature des terres qui *compofent le fol des marais de la Suiffe*, & dont il eft peu intéreffant de parler ici, il y a , *dit M. de Polignac* , des marais inondés , fitués non-feulement fur le penchant des collines , des montagnes & fur leur fommet , mais encore d'autres qui font fitués entre les collines & les montagnes , au fond des vallons ou au centre des plaines : tantôt avoisinant des rivières, des eaux dormantes, des lacs, des collines & des hauteurs ; tantôt avoisinant des hauteurs de tous les côtés. Les uns ont presque de toutes parts des écoulements faciles, les autres souvent n'ont d'écoulement que d'un côté ou n'en ont absolument point.

L'auteur indique ici ceux de sa patrie qui se trouvent dans ces situations, mais cela intéressant encore peu nos lecteurs, nous n'en ferons nulle mention, & nous passerons à la seconde partie de sa dissertation.

Des moyens de dessécher les marais.

L'Auteur ayant observé que l'infertilité des marais ne vient pas de la nature de leur terrein, & qu'elle dépend au contraire, de la trop grande humidité & de la corruption de leurs eaux, qui détruisent presque toutes les plantes, il conclut à leur desséchement pour les rendre fertiles.

Il convient auſſi qu'on peut tirer parti des marais, en les complantant en bois d'une nature aquatique, tels que *aulne, frêne, ſaule, peuplier* & *macle* (a). Le premier arbre devient très-gros, il épuiſe beaucoup l'humidité des marais par les fortes nourritures qu'il y pompe. Au bout de trente à quarante ans, il ſert à brûler & on l'employe à différents ouvrages. Etant placé dans l'eau, il réſiſte à la pourriture. Le frêne ſert aux mêmes emplois; mais la quantité de forêts qui ſont en *Suiſſe*, y rendent cette production ſurabondante.

M. *de Polignac* recherche enſuite les cauſes des grandes humidités mareſques; elles ne doivent pas être ſeulement attribuées à la pluye, ni à la nature ſpongieuſe du ſol des marais, qui les rend ſuſceptibles de conſerver long-temps l'eau, ni à ces lits de glaiſe d'au-deſſous, qui les met-

---

(a) Nous ignorons la nature de cet arbre, cependant nous l'indiquerons par la ſuite, lorſque notre correſpondant de Bernes, nous en aura inſtruit. *Voyez notre partie d'agriculture.*

rent dans le cas, par leur viſcoſité ou leur compacité , d'empêcher la pénétration de l'eau. En effet , tout le terrein du ma-rais , *dit-il*, qui recevroit la même quan-tité d'eau , devroit être humide, & con-ſerver plus ou moins long-temps cette humidité : de même auſſi tout marais qui ſe trouveroit ſur une colline, devroit être ſec, par l'écoulement de l'eau ſur le lit de glaiſe, qui ſe trouveroit en pente. Ce n'eſt donc point ſeulement à toutes les cauſes que nous venons de rapporter, que l'auteur attribue les grandes humidités des marais. » Elles ont encore , *pourſuit-il* , » d'autres principes dans les parties in-» térieures ou extérieures des marais.

» Ceux, *continue-t-il* , qui ſont ſitués » au penchant des collines , des hauteurs » & à leur ſommet , ont en eux-mêmes » la cauſe de l'humidité. S'il s'y trouve » une place plus marécageuſe qu'une au-» tre, en différents endroits, ce ſont des » ſources qui y ſont cachées, & dont l'eau » s'inſinue peu à peu dans chacune des

» parties du marais, comme dans une
» éponge. La raison en est que ne pou-
» vant s'ouvrir tout-d'un-coup, un passage
» à travers la couche de la surface du
» marais qui la presse, elle doit nécessai-
» rement s'étendre où elle trouve jour
» pour cela (*a*) «.

A l'égard des causes d'humidité qui ont leurs principes dans les parties extérieures des marais, il ajoûte : » lorsque les ma-
» rais se trouveront situés en partie entre
» des collines, ou qu'ils en seront absolu-
» ment environnés, les hauteurs voisines
» qui auront de ces sources, dont nous
» avons parlé, leur enverront nécessaire-
» ment des eaux «.

Si la situation d'un marais est basse d'un côté & haute de l'autre, s'il est outre cela limitrophe à une rivière, à une eau croupissante ou à un lac, il sera en-
tretenu dans une humidité constante par

(*a*) Lorsque ces sources pénétrent promptement la terre du sol de la surface, on les nomme *ruisseaux de monta-gnes :* en Allemand *berg-fluss.*

leurs

leurs débordements. Si les débordements n'arrivent pas , les eaux des rivières peuvent pénétrer leurs rives , & imbiber le fol de ces marais dans le même niveau des eaux qui y couleront. L'auteur cite à cet effet une expérience hydraulique , concernant la preſſion des fluides , qu'il eſt inutile de rapporter ici , puiſque l'expérience journalière ne nous laiſſe aucun doute là-deſſus (*a*). D'ailleurs , autant que les marais ont une aptitude à ſe charger de l'eau des pluies par leur nature ſpongieuſe , autant ils en ont pour ſe laiſſer pénétrer & pour recevoir l'eau lorſqu'ils ſont limitrophes ou contigus à des rivieres , étangs , &c. qui ſe gonflent.

C'eſt donc à ces cauſes , enſemble ou ſéparément , qu'on peut entiérement ap

______

(*a*) On voit, en effet , des rivieres gonflées quelque-temps après des fontes de neiges des montagnes , ſans qu'on remarque aucun ſigne de ruiſſeaux qui y portent les eaux. De même auſſi des marais ou terres inondées à côté des rivieres , quoiqu'il ſe trouve une chauſſée très-ſolide qui en faſſe la ſéparation : telles ſont les terres qui avoiſinent la *Seine* dans la plaine de *Paris* & même dans la ville.

pliquer l'état humide & bourbeux des marais.

Pour purger ces marais de leurs humidités superflues, il est donc nécessaire de détourner les sources qui les occasionnent, soit qu'elles se trouvent dans les marais mêmes ou dans ceux du voisinage. On y parviendra, sans doute, en fermant le passage à celles du voisinage, ou en ouvrant une libre issue à celles des marais, & enfin en disposant la terre du marais de façon à pouvoir souffrir les évaporations des eaux qui l'imbibent.

Suivons maintenant *M. Polignac* dans l'application qu'il fait de ces moyens aux différentes espèces & situations des marais.

De la manière de détourner ou de contenir les eaux des sources voisines des marais.

Première méthode de fai- Si un marais se trouve inondé par des eaux de sources (*a*), l'auteur conseille :

____

(*a*) On sçait que toutes les sources dérivent ordinairement d'une riviere ou d'un lac contigu au marais, ou des hauteurs voisines.

1.º d'abaisser l'eau qui avoisine le marais, en creusant un lit plus large & plus pro-fond à la rivière & au lac ; & 2.º de con-tenir le lac ou la rivière par de bonnes digues.

M. Polignac considére ensuite les dif-ficultés, & même les impossibilités qui peuvent se rencontrer souvent, lorsqu'on veut élargir ou donner plus de profon-deur au lit des rivières ou des lacs ; mais il ne jette qu'un coup d'œil sur cette opé-ration qu'il promet de traiter plus au long (*a*). Il s'empresse de passer aux cons-tructions des digues.

DES CONSTRUCTIONS DES DIGUES.

On doit d'abord observer si l'eau a un courant rapide , ou si elle n'a que peu ou point d'écoulement. Dans le premier cas les digues doivent être fermes & solides , afin qu'elles puissent résister à l'impétuo-sité de l'eau. L'auteur dit que dans sa pa-

(*a*) *Voyez* pages 198 & 200 , ci-après.

trie, on les forme de terre, de gravier, de pierres, de fascines & de gros bois fortement entrelassés & joints ensemble. Ces digues étant bien construites, sont capables d'empêcher les inondations causées par les débordements, mais non point celles d'une eau voisine qui peut passer sous les digues par filtration.

Pour prévenir cet inconvénient, il conseille de commencer par creuser un fossé le long de l'eau (*de la rivière ou du lac*), & de le remplir avec de la terre glaise qui, comme on sçait, a la propriété naturelle de refuser le passage à l'eau. Il présume qu'on en trouvera souvent dans le marais même.

Sur ce fossé ainsi rempli, on élévera la digue, & de cette manière la source du marais se trouvera totalement tarie & détruite; car le fossé de terre glaise empêchera la filtration des eaux. De fortes murailles assises sur un bon fondement, seroient un moyen plus sûr & plus efficace que celui que nous venons d'indi-

quer ; mais l'auteur objecte que les dépenses. & la difficulté de se procurer souvent les matériaux nécessaires, rendroient
ce moyen impraticable.

Lorsqu'il n'est question que de détourner d'un marais les eaux d'un lac ou d'une
rivière qui coule insensiblement, il suffira
de construire de simples chaussées de terres ; mais il faut que ces chaussées soient
posées, s'il est possible, sur un fondement
de terre glaise, au cas que le marais ne
soit guères plus élevé que l'eau , afin que
l'eau ne puisse filtrer par-dessous la digue.

L'élévation de ces digues ou de ces
chaussées doit être de deux pieds au-dessus du niveau où les eaux peuvent monter dans leur plus grand débordement ;
leur largeur dans le haut doit être de quatre pieds & même davantage , & leur
base doit avoir la largeur de trois pieds &
demi sur un ; si on veut même les rendre
plus solides, on peut lui donner quatre
pieds sur un : de façon que si la chaussée est
de quatre pieds & demi de haut, la base

dans le premier cas, fera de quatorze pieds, & dans le fecond de dix-huit.

Il faut avoir foin que le côté qui eft vers la rivière ou le lac, foit beaucoup en talus, afin que les vagues agitées par les tempêtes, n'y faffent que rouler doucement, & qu'elles perdent facilement leurs forces. L'auteur pour foutenir la néceffité de cette pente, allégue les mêmes raifons que la fociété de Dublin a apportées (*a*). Nous n'en parlerons donc pas, & nous dirons feulement qu'il confeille de gazonner le talus (*b*).

Le côté de la chauffée qui regarde le marais n'a pas befoin d'un talus fi plat, il ne faut que lui en donner un qui puiffe facilement empêcher l'éboulement des terres. Par l'emploi de ces moyens, l'auteur juge que les marais feront à l'abri des filtrations & des inondations des eaux

---

(*a*) *Voyez* ci-devant, page 154.

(*b*) Ceci eft contraire au fyftême de la fociété de Dublin, & nous croyons ce que cette fociété propofe de faire (*qui eft de femer de l'herbe*), infiniment plus convenable que le gazonnement dont on parle ici.

rapides, & de celles des eaux dormantes ou tranquilles.

Cependant s'il se trouvoit des sources d'une autre espèce qui, existant hors des marais, leur procurassent d'abondantes humidités, parce qu'elles viendroient des hauteurs voisines, ce seroient alors ou des sources proprement dites, ou des ruisseaux, ou enfin, ce seroient seulement des eaux de pluie qui découleroient de ces hauteurs & se rassembleroient dans les marais.

Dans le premier cas, & pour détourner ces eaux & ces ruisseaux, il faut les conduire à côté, en les faisant décharger dans la rivière ou dans le ruisseau le plus voisin, s'il s'en trouve & si la situation du terrein le permet ; sinon il faut les conduire tout droit dans des canaux ou fossés qui doivent être construits dans les marais, & dont nous parlerons bientôt.

Dans le second cas, lorsque les eaux des hauteurs proviendront uniquement

N iv

de la pluie , on les en détournera en environnant le marais de foffés qu'on peut
appeller *foffés d'inveftiffements (d'attours).*
Ces foffés feront tirés le long des hauteurs dans l'endroit où les marais commencent ; les eaux de pluie par ce moyen
qui defcendront de la montagne s'y ra-
mafferont , & en outre on leur procu-
rera un écoulement dans les rivières ou
ruiffeaux voifins ; mais fi cela n'eft pas
poffible , l'on entretiendra une commu-
nication entre eux & les rigoles qu'on
pratiquera dans le marais , parce que fans
cette précaution , ces foffés s'empliroient
tellement d'eau , qu'elle déborderoit fur
les terres où elle croupiroit & fe filtreroit
peu à peu dans le marais à travers fon
terrein fpongieux , ce qui anéantiroit le
but qu'on fe propoferoit , c'eft-à-dire, de
rendre ces marais fertiles.

Voilà comme les fources exiftantes hors
des marais peuvent être détournées , &
que ces marais peuvent être deffechés ,
fur-tout s'il n'y a aucune caufe intérieure

qui conserve leur humidité; car alors, outre cette opération qui seroit toujous utile, il faudroit encore en entreprendre d'autres dont nous parlerons.

Les opérations que nous allons maintenant indiquer, doivent avoir lieu lorsque les sources feront dans l'intérieur du marais.

DES CONSTRUCTIONS DES CANAUX.

Un grand canal, ou deux même, s'il en est besoin, doivent être creusés dans la partie la plus basse du marais, & on doit faire attention à la pente qu'il peut y avoir. On dirigera ces canaux le long du marais vers la source qui se découvrira d'elle-même, parce qu'elle sera dans l'endroit le plus marécageux.

Quant à la profondeur, on ne peut la fixer. Elle dépend non-seulement de la nature de la terre, mais encore du plus ou moins de profondeur qu'aura la source qu'on voudra détourner.

Les marais de terre glaise, produisant ordinairement *des joncs*, *de la prêle* &

de *mauvaises herbes* , n'exigent que des canaux étroits & peu profonds ; les autres demandent plus de largeur & de profondeur. Il faut en général que le canal soit toujours d'un pied plus profond , ou d'un pied plus bas que la source du marais , si on veut que le canal conduise l'eau de cette source , & qu'il la reçoive entiérement.

La profondeur de la source n'est pas toujours aussi grande qu'elle le semble. La terre s'élève & se gonfle par les eaux qu'elle renferme , mais dès qu'elle commence à se sécher , elle s'affaisse d'un ou de deux pieds & même davantage , selon sa nature & sa situation. On connoîtra si le fond du canal est inférieur en profondeur à celui de la source , lorsqu'on remarquera que l'eau ne monte plus par le fond , & qu'elle ne fait que pénétrer par les côtés , ce qu'il est facile d'observer.

La largeur & la profondeur de ce canal doivent également avoir un rapport convenable , & qu'on ne peut ici déter-

miner. La quantité d'eau que le canal
doit contenir, l'étendue du terrein qu'on
a à deſſécher, & la proportion de l'humidité ou du marécage qu'a ce terrein,
doivent ſervir de règle. Il faut obſerver
ſeulement qu'en général la plus grande
largeur du canal doit être à ſon embouchure, & qu'on doit le rétrécir inſenſi-
blement vers la partie ſupérieure, ou
ſon commencement, parce que l'eau y va
toujours en augmentant. L'auteur penſe
que le rapport le plus convenable de la
profondeur du canal, avec la largeur qu'il
doit avoir à ſon embouchure dans ſon
fond, doit être comme trois eſt à quatre.

Le talus ou pente des bords du canal
doit être dirigé également ſelon la nature de la terre mareſque. Lorſque la
terre ſera *friable*, c'eſt-à-dire, qu'elle ſe
diviſera facilement, & tombera en pouſ-
ſière, la pente doit être plus conſidérable. La largeur ſupérieure du canal doit
être quatre fois plus grande que ſa largeur du fond ; par ce moyen, rien ne

s'éboulera pour le combler. Mais lorsque la terre sera, au contraire, argilleuse, cette pente ou talus ne doit pas être aussi forte : pourvu qu'elle ne soit pas tout-à-fait perpendiculaire, cela suffit.

C'est-là que se termine tout ce qui concerne la construction d'un canal.

L'auteur détaille ici les moyens de favoriser l'écoulement des eaux de sources qui se montreront au-dessus de la surface des marais. Il veut que l'on creuse de petits canaux assez profonds & en ligne directe, pour que les eaux qui y passeront puissent tomber directement dans les grands canaux dont nous avons parlé. Il faudroit les percer dans les rivières, s'il s'en trouvoit dans le voisinage, sans laisser découler ces eaux, naturellement en serpentant à leur gré.

On commencera donc l'opération en perçant le grand canal, ensuite l'on en pratiquera d'autres plus petits, à qui on donnera la même forme qu'au grand. On les tirera vers chaque partie du marais &

des foſſés d'*inveſtiſſements* ou d'*attours*, les eaux, par ce moyen, ſeront conduites dans le grand canal.

On ne peut fixer le nombre de ces canaux ni la diſtance qu'il doit y avoir entr'eux, l'humidité plus ou moins grande du marais doit l'indiquer; mais ſouvent il faudra les éloigner de quatre perches (*a*) les uns des autres, & ſouvent de ſix toiſes.

Il ne faudra pas laiſſer ſur les bords de ces canaux la terre qu'on en aura tirée, parce qu'elle les combleroit facilement en s'éboulant; cependant ſi on ſe décide à faire un pâturage du marais, on la laiſſera, & on aura ſoin de l'élever en forme de digue. Ces digues empêcheront le bétail de tomber dans les canaux.

Si cette terre eſt de la tourbe, on l'exportera & on s'en ſervira pour brûler; mais, au contraire, ſi elle eſt terre meu-

____

(*a*) La perche de Berne eſt de trois pieds de roi & demi de France ou environ, & il en faut cent pour faire une toiſe de Berne.

ble ou d'une autre espèce, on la laissera. Alors on la retournera, & on la mettra en petits monceaux pour la sécher : étant séche, on la répandra sur le marais, à moins que la facilité de l'exportation n'engage les propriétaires à la transporter ailleurs (*a*).

Lorsque les marais seront environnés de tous les côtés par des hauteurs, & qu'on ne pourra leur procurer un écoulement, il sera très-facile d'y remédier : 1° en les environnant de fossés qui recevront l'eau. 2° En creusant profondément au milieu, ou dans la partie la plus basse, un vaste étang pour recevoir les eaux. 3° En creusant de grands canaux depuis les fossés qui l'environneront jusqu'à l'étang, & en pratiquant des fossés de traverses qui se déchargeront dans les canaux, dans les autres parties du marais :

____

(*a*) On peut tirer un engrais parfait de ces terres, si on les transporte dans un endroit où le bétail va s'abreuver, ou si on les mêle alternativement avec une couche de fumier.

De même si on les répand telles qu'on les a puisées, sur un terrein sablonneux, on l'améliorera considérablement.

on ne peut fixer le nombre & la grandeur de ces canaux, foſſés, &c. Ils dé-
pendront toujours du degré d'humidité
qu'aura le marais.

Quand on creuſera des foſſés dans les
parties les plus baſſes des marais, & qu'il
s'y trouvera un lit de terre glaiſe qui re-
tiendra l'eau, on aura ſoin de les appro-
fondir de telle ſorte que la couche de terre
ſoit tranſpercée. On trouvera immédiatement au-deſſous, un lit de ſable ou de
terre ſablonneuſe qui imbibera l'eau, &
il ne ſera pas beſoin pour lors de faire les
foſſés ſi larges, puiſque l'eau ſe perdra
facilement.

On doit ſe porter à entretenir ſans
ceſſe en bon état, les grands & les petits
canaux, ſi l'on veut jouir du fruit des peines
qu'on s'eſt données. Chaque année au printemps & en automne, il faudra donc en
ôter les mauvaiſes herbes, la vaſe & les autres ſalletés. On fera même bien d'enfoncer à leurs bords des pieux de bois de *chéne*
ou d'*aulne* pour les fortifier & les empê-

cher de s'ébouler. On peut y planter des boutures de *faules* , dont les racines ne pourront que leur donner des degrés fuffifants de fermeté (*a*).

Toutes ces précautions font fouvent vaines en certains marais. Les côtés des canaux & des foffés fe preffent l'un l'autre avec force , & le fond fe foulève tellement qu'ils fe rempliffent d'eux-mêmes malgré leur profondeur. Ces événements multiplient le travail à l'infini. Alors il faut combler ces foffés en y jettant des *cailloux* ou des *pierres* de différentes formes, de façon que le paffage foit libre pour l'eau qui pourra s'y écouler. On mettra enfuite du bois inutile (*b*) fur ces pierres ; & l'on mettra fur ce bois la terre qu'on aura tirée du creux de ces foffés, jufqu'à ce qu'ils foient comblés.

On obfervera cependant que dans ce

(*a*) Ceci eft contraire au fyftême de la fociété de Dublin , elle prétend que tout arbre qui eft fur des digues les détruit par les fecouffes que les vents leur donnent. *Voyez* ci-devant , page 164.
(*b*) Falcines & autres.

cas

cas, il est nécessaire de faire ces fossés beaucoup plus profonds qu'ils ne devroient l'être , si le terrein étoit de toute autre nature que celle que nous désignons.

Souvent on pourra garnir le fond de *petites branches* , de *faſcines* , d'*épines* ou de *bruyeres*, loſqu'on en trouvera facilement , & l'on jettera par-deſſus des *cailloux* ou des *pierres*. Sur ces pierres on mettra encore de ce petit bois , & on le couvrira de terre juſqu'au niveau du terrein.

L'auteur élève beaucoup les avantages qui réſulteront de ces comblements de foſſés , qui, en facilitant l'écoulement de l'eau , empêcheront les beſtiaux qui y paî-tront de s'y précipiter , ce qui pourroit arriver s'ils étoient ouverts (*a*).

____

(*a*) Il n'apperçoit pas que tôt ou tard ces comblemen; ſe détruiront , ſoit par la pourriture des faſcines , ſoit par l'affaiſlement des pierres , ſoit par l'éboulement des terres qui ſe trouveront humectées par les eaux. Dangers plus funeſtes pour les beſtiaux qui s'y enfonceront , que ceux qui arriveroient ſi l'on laiſloit les foſſés à découvert.

M. *Polignac* prétend enſuite qu'il y auroit auſſi des moyens de détourner les eaux qui ſubmergeroient un endroit extrêmement *plan*, en employant des machines qui agiroient par la force du vent comme le font les *moulins* (a). Mais il n'entre pas dans ce détail, à cauſe des dépenſes immenſes que ces machines occaſionneroient, & qu'il ne ſe trouve pas de ces poſitions dans ſa patrie.

Troiſ. méthode de deſſécher les marais.

La dernière méthode qu'il propoſe pour le deſſéchement des marais n'eſt point nouvelle ; elle ne conſiſte qu'à y faire tranſporter du ſable & du gravier. Ces marais ne doivent cependant pas être fort humides, car on ne pourroit parvenir par ces apports & mélanges à l'évaporation de l'humidité.

» Tout le monde ſçait, *dit-il*, que la » propriété du *ſable ſec* ou du *gravier*, eſt

____

(a) Il auroit dû dire auſſi *par l'effet du feu*, de l'eau & des *poids* ; c'eſt par ces moyens qu'on ſupplée au *vent*. On voit de ces machines dans les mines du Haynault & autres : nous en parlerons dans notre partie des *arts & métiers*.

› d'ouvrir le terrein, de l'échauffer (*a*),
› & de laiffer un libre & facile accès aux
› rayons du foleil & à la chaleur (*b*);
› de façon que l'eau qui peut y être ren-
› fermée, s'exhale plus facilement «. La
féchereffe des terreins fablonneux & graveleux eft apportée pour preuve de ces
évaporations (*c*). L'auteur ajoûte que cette
méthode a été fuivie dans fon pays,
& que l'on s'en eft bien trouvé; & il
s'étonne de ce qu'on ne s'empreffe pas de
la pratiquer dans les endroits où les fa-

(*a*) Le fable ni le gravier n'ont jamais échauffé aucune terre; le gravier feul peut conferver plus long-temps qu'un autre corps terreux la chaleur lorfqu'il l'a reçue, mais ils ne donnent point de chaleur par eux-mêmes, ni l'un ni l'autre. Recourez aux principes qui le démontrent dans notre partie d'*agriculture*, pages 125, 126, 192 du premier volume, & aux articles du fable & du gravier dans les volumes fuivants. *Voyez la table des matiéres.*

(*b*) Ce principe eft détruit encore par ce que nous avons dit dans notre partie d'*agriculture* (*); car fuivant le fyftê-me de l'auteur il faudroit admettre que le fable abforbe ce qui n'eft pas vrai, il réfléchit.

(*c*) Cela n'eft pas la raifon; nous la difons à l'article *fable. Voyez notre partie d'agriculture.*

(*) Voyez pages 116 & 192 du premier volume : nous en par-lerons même auffi à l'article de la nature & propriété du fable qui fe trouvera dans les volumes fuivants celui que nous venons d'in-diquer.

bles & graviers sont faciles à avoir (*a*).

Cependant il conseille à tout paysan qui exécuteroit cette opération, de ne le faire que peu-à-peu, en couvrant d'abord une partie du marais à la hauteur d'un pouce seulement.

» Ce gravier, *dit-il*, pénétreroit de » lui-même la terre qui est molle & ten- » dre : peut-être que son effet ne s'apper- » cevroit pas la première année, parce » que les mauvaises herbes devroient être » remplacées par de meilleures ; mais il » ne faut pas d'abord se décourager «. Il indique pour cette opération la saison de l'automne.

_____

(*a*) Si on a réussi par ce mélange, cette réussite est bien due au hazard & sans en sçavoir la raison. Ce que nous venons de dire dans les notes précédentes le démontre suffisamment. Il en est de même d'autres pratiques recon- nues pour fructueuses en agriculture. Bien des agriculteurs ne peuvent indiquer aux laboureurs les causes de cette fécon- dité ; mais il n'en sera plus ainsi, lorsque nous aurons dé- voilé, dans notre corps d'ouvrage qui regarde cet art, ce qui forme ce prétendu mystère. On pourra même par le moyen de ces connoissances, perfectionner les méthodes usitées, en élaguant ce qui contribue à leur nuire ; c'est- à-dire, que par leurs opérations, on n'obtient pas tout-à-fait ce qu'elles devroient effectuer. Ce sont ces mé- thodes perfectionnées, autant que les expériences nous l'auront prouvé, que nous enseignerons.

Après tout ce qu'on vient de lire, l'auteur passe aux moyens de dessécher un marais de son pays appellé le *grand marais*. Il propose, indépendamment des opérations ci-dessus indiquées, celles de la société de Dublin, & celles qui peuvent être exécutées avec fruit, relativement au local ; mais comme cet objet est étranger à nos lecteurs, nous le passerons sous silence.

M. *Polignac* vient, enfin, à sa troisième partie, dont l'objet est de fertiliser les marais desséchés. Il fait même une petite disgression sur les difficultés & les obstacles qui s'opposent à ces fertilisations ; & ces opérations ne regardant plus *l'art de l'hydraulique*, nous nous proposons d'en parler ailleurs.

DES PRÉPARATIONS

DE LA FILASSE DU LIN.

SOCIÉTÉ DE DUBLIN.

ANGLE-
TERRE.
Irlande. LEs filaſſes qu'on tire des plantes étant diſpoſées par l'induſtrie humaine en différentes manières, deviennent, comme on le ſçait, des objets de la plus grande utilité & d'un luxe même très-faſtueux. Ils ſont par conſéquent les ſources de l'opulence dans le climat qui les poſſéde.

Mais c'eſt de l'attention que l'on donne à leur préparation première que dépend, en partie, la plus grande perfection des ouvrages qui s'en forment.

L'Irlande, dont le principal commerce étoit fondé ſur le ſuccès de ces ouvrages, avoit un intérêt bien ſenſible à perfectionner les matières qui les compoſent. La ſociété de Dublin toujours empreſſée d'éclairer ſa patrie, lui donne à ce ſujet de nouveaux préceptes & de nouveaux moyens.

Nous allons les rapporter dans l'extrait de quelques-unes de ses feuilles ; mais ce sera après avoir rapporté tout ce que cette société a cru devoir observer, pour démontrer l'utilité d'adopter ces préceptes & ces moyens, & d'éviter certains inconvénients pratiqués dans la fabrication des toiles.

Feuille du mardi 25 octobre 1737 (a).

Parmi tous les désavantages que la société de Dublin trouvoit dans la manufacture de toiles , & dont nous avons rendu compte (b) , elle en découvre encore un qui n'est pas moins essentiel à considérer pour y apporter remède.

On donne à la filasse, *dit un auteur*

Observa-
tions de
la soci-
té.

(a) Nous avons donné le commencement de cette feuille, page 109 précédente, & nous n'avons placé ici cette suite, que parce-que la matière ne concernoit plus le commerce. *Voyez* la note ci-devant, page 109.

(b) *Voyez* ci-devant, page 94 & suivantes.

que la société ne nomme pas (a), différentes façons ; mais les perſonnes qui les
exécutent, n'en font pas leur unique métier. L'apprêteur étranger a ſur ce point,
un avantage conſidérable ſur les nôtres,
parce qu'une application conſtante à cette
unique occupation, lui donne des connoiſſances & de la dextérité. Il a toutes
ſes commodités, comme *logements, ha-*
loir, (*endroit pour ſécher par la chaleur*)
routoir, (*endroits pour rouïr*) ou *réſer-*
voir toujours rempli d'eau d'une qualité
convenable, & dont la proximité lui
épargne beaucoup de travail.

Il a toujours, avec ſon lin, une récolte
de *tremelle* (*trémene ou tréfle*), ou bien
il ſéme de ſi bonne heure, qu'après le lin
il recueille dans la même terre des turneps (*gros navets*). Il connoît, par une
longue expérience, le temps d'arracher
ſon lin, de le ſécher ; & ces égrugeurs,
ou ceux qui font tomber de la tige la

(a) *Voyez* la note, page 108 précédente.

graine appellée *linette*, l'enlévent ſans brouiller le lin ; ces artiſans la font ſortir de la capſule ou étui, par la preſſion d'un charriot, & la nettoyent avec une machine, ſans qu'il y ait de perte.

Il ſçait la vraie méthode de le rouïr ſans riſquer de le pourir ou de le gâter, (*tacher ou brûler*) ; enfin, il n'appréhende pas de le décolorer en le ſéchant. Son haloir, qui n'exige aucune dépenſe pour matières à alimenter le feu, rend le lin caſſant & facile à broyer. Ses machines ou uſtenſiles de conſommation, ſont de la meilleure conſtruction, bien arrangées, & toujours en état de ſervir la bonté de ſes granges & de ſes greniers, il met ſa graine à l'abri des animaux & des inſectes qui la mangeroient, tels que *rats*, *ſouris*, &c.

La bonne conſtitution de ſa broye, la forme de ſon *eſpade*, la manière de s'en ſervir, ſa pratique conſtante de mettre ſous la broye le lin chaud à la ſortie du haloir, lui font une épargne de cinquante livres de filaſſes par cent. Son moulin à affiner, enlève du lin mûr toute sa dureté & son âcreté, sans rompre la plus petite fibre.

Par ce moyen ce lin n'est point inondé d'étoupes, sa filasse conserve sa longueur, qui est sa principale qualité. Elle reçoit de la souplesse & une égale finesse, ce qui épargne bien des peines aux fileuses. Le fil se tord plus facilement étant dégagé de cette substance dure & cotonneuse qui s'applique sur le fil, quand la filasse a été battue. La toile blanchit uniformément, elle n'a point de ces taches, de ces rayes que l'on apperçoit assez souvent dans ces toiles composées de fils durs & inégaux (a).

L'apprêteur étranger, enfin, fait en-

____

(a) Ce défaut, que les moulins à affiner détruiroient, étoit une des principales causes du peu de cas que l'on faisoit en Angleterre des toiles fines d'Irlande, & ce rebut avoit même engagé les Irlandois à s'appliquer à la fabrication des toiles grossières, comme la branche la plus utile de manufacture en ce genre. Mais l'auteur observe que la pratique de tous les pays où l'on connoît le commerce général des toiles, & que le haut prix que l'on paye, en Irlande, au tisserand de toile fine, doit dissiper cette erreur.

core ferancher la filafle par des femmes, au lieu que l'on choifit généralement en Irlande, pour cette opération effentielle, les hommes les plus vigoureux. De là l'auteur conclut qu'outre la perte pour ceux qui employent des ouvriers de cette force, la fabrique eft chargée d'une nouvelle dépenfe , & le *feranchage* eft exécuté défavantageufement. En effet, on fçait que cette opération de ferancher eft très-délicate , & ne demande pas beaucoup de force pour l'exécuter. Une jeune fille qui a appris ce métier de bonne heure , feranchera autant de filafle à quinze ans , qu'un jeune homme robufte qui commence à apprendre ce métier, à feize ou dix-huit ans. Cette fille le fera même avec l'avantage de plus de vingt livres par cent, parce que que les hommes forts, en rompent & en perdent prefqu'autant qu'ils en feranchent.

Après le tableau des avantages que les étrangers ont fur l'Irlande, l'auteur fe récrie, non-feulement contre les procé-

dés employés en ce royaume, mais encore fur les inconvénients qui en réful-
tent(*a*), tels que la perte totale de la graine,
la qualité mauvaife du lin cueilli trop tôt,
le mauvais rouit, l'embrâfement du lin
en le féchant, quelquefois les maifons
qui font incendiées & la dépenfe inévi-
table des matières pour alimenter le feu,
& enfin le défaut des machines & des
commodités propres pour exécuter toutes
les opérations qui font néceffaires.

Ces inconvéniens, *ajoute l'auteur*, hauf-
fent fi fort le prix du fil de lin & de la
toile en Irlande, que les Hollandois,
malgré le prix exceffif de leur main-d'œuvre, qui eft quatre fois fupérieur à celui
de la main-d'œuvre d'Irlande, font cependant en état d'aller y vendre une grande partie de leur lin & de leur toile à
meilleur marché que celles de ce royaume
ne reviennent à fes habitans.

La fociété termine cette feuille en rap-

____

(*a*) C'eft un fupplément aux défavantages que nous
avons rapportés, page 94 & fuivantes.

portant ce que *Guillaume Pety*, auteur célèbre, avoit écrit sur le même sujet. Elle
croit par ce moyen convaincre plus forte=
ment les citoyens de l'importance d'employer les préceptes qui viennent d'être
prescrits, & leur faire sentir les avantages
qui se trouvent à partager ainsi l'ouvrage
entre différentes personnes (*a*).

» Il est certain, *dit cet auteur*, qu'un
» seul *horloger* ne sçauroit faire une pendu-
» le à aussi bon marché à proportion, que
» cent autres horlogers en pourroient faire
» cent ; en effet, elle est composée de
» tant de piéces différentes, qu'un seul
» homme ne peut également réussir en
» toutes ; que l'ouvrage seroit ennuyeux,
» & qu'à la fin il seroit mal fait. Mais,
» au contraire, si cent hommes devoient
» faire cent pendules, que l'un travaillât
» aux boëtes, l'autre aux ressorts, ainsi
» les autres aux autres parties, chacun
» d'eux finiroit parfaitement & prompte-

____

(*a*) Ce sont ces observations que nous avons suspendu
de donner, page 109 ci-devant.

» ment fa befogne. Il feroit très-facile à
» celui qui monteroit l'ouvrage, d'affem-
» bler les cent pendules dans le quart
» du temps que ce feul horloger auroit
» employé à fabriquer toutes les parties
» d'une feule : chacune même coûteroit
» affurément un quart de moins de falai-
» re, quoique tous ceux de chaque ouvrier
» en particulier, foient au même taux.

Cette diminution du prix de l'ouvrage, *continue l'auteur*, en augmenteroit le dé-bit ; le même nombre d'hommes y feroit toujours employé, & on les payeroit auffi-bien.

Il en eft de même, *conclut la fociété*, de la fabrication des toiles, & de tous les autres ouvrages qui la précédent, ainfi que des autres fabrications quelconques. Une addition de mains aux manufactu-res d'Irlande, en diminueroit le prix ; l'ouvrier auroit toujours le même falaire, il feroit plus en état de fe procurer les befoins de la vie, & toute la nation & l'état profiteroit de l'augmentation du nombre de ces ouvriers.

Feuille du mardi 1 novembre suivant.

On publie ici les remarques qui ont été communiquées à la société de Dublin, par M. **, ce sage négociant dont nous avons rapporté à la page 83 & suivantes, plusieurs excellentes observations.

Pour engager les Irlandois à donner à leur filasse de lin des meilleures préparations, il cite l'exemple des Hollandois, dont les usages sont toujours dignes d'être imités, lorsqu'il s'agit d'industrie ou de choses qui y sont relatives.

L'usage Hollandois est d'abandonner son lin après la semaille, à des artisans nommés *apprêteurs de filasse*. Le labou- reur le leur vend sur pied (*a*). Ils le sarclent & l'arrachent, & ce cultivateur est exempt d'avoir des logements & de

Art de l'é-
grugeur
ou de ce-
lui qui é-
graine le
lin.

(*a*) L'auteur desire introduire cette utile méthode en Irlande, mais il ne croit pas qu'il soit facile d'y réussir ; c'est à quoi les sociétés en France doivent porter leur atten- tion.

prendre des inquiétudes pour l'exécution des opérations qu'il faut faire avant que la filasse soit en état d'être filée.

Il trouve à cette méthode un moyen d'épargne, & la dépense n'est pas grande pour l'apprêteur, parce qu'il a chez lui toutes les commodités nécessaires pour ces sortes de travaux.

Immédiatement après la récolte, (l'auteur entend sans doute après que le lin est sec) l'apprêteur égruge le lin (*a*). Pour cette opération, deux hommes travaillent au même égrugeoir. Cet instrument (*b*) est fixé au milieu d'un banc sur lequel ces hommes sont assis; deux

---

(*a*) On entend par égruger, séparer ou dréger la graine du lin, ou faire tomber de sa tige la *linette* que quelques-uns appellent aussi *linat*.

(*b*) *Voyez* la planche n° 1. fig. A.

L'égrugeoir Hollandois est différent de ceux de France, que nous appellons *drege*. Cet instrument, qui ressemble à un banc, a quatre pieds. Il est garni au milieu d'une rangée de dents de fer, semblables à celles d'un rateau. Cette denture est assez large pour que deux hommes puissent facilement égruger en même-temps, chacun une poignée de lin & sans se gêner l'un l'autre. En peignant l'extrémité du lin dans ce rateau, on fait tomber & les feuilles & la linette qui se trouve dans son enveloppe.

femmes

femmes ou deux garçons les servent ;
c'est-à-dire , leur donnent des petites poignées (a) de lin non égrugé. Ils tirent
alternativement ces petits paquets de lin
à travers l'égrugeoir , & les rendent ensuite à ces mêmes femmes ou garçons
qui les lient par paquets assez gros (b).

Cette opération d'égruger étant exécutée , il faut avoir une attention d'assor-
tir le lin en l'égrugeant ; c'est-à-dire , de
mettre ensemble celui qui est mûr , & le
séparer de celui qui ne l'est pas ; il faut
séparer de même le gros d'avec le fin (c) ,

(a) Ces paquets doivent être petits , parce quils font de
plus facile expédition , & le lin n'est pas endommagé ,
au lieu que quand les poignées sont grosses , on les ma-
nie moins facilement , & souvent le lin se rompt dans
l'égrugeoir.

(b) Il faut encore de l'attention pour lier ces paquets ,
& rendre la grosseur de chacun uniforme , parce que le
rouit ne réussit presque jamais parfaitement , lorsque ces
poignées sont trop serrées. La fermentation qui doit s'o-
pérer alors , se fait inégalement dans les différentes poignées.

(c) En effet , le lin qui n'est pas mûr fermente bien
plus facilement , & en bien moins de temps que celui
qui a atteint la maturité. De là il résulte que si on lie
ensemble ces deux sortes de lins pour les faire rouir ,
l'une ou l'autre doit nécessairement & certainement en
souffrir ; il en est de même , pour ainsi dire , du gros lin &
du fin , l'un demande un rouit plus long que l'autre.

lorfqu'ils fe trouveront confondus enfemble.

On perdroit, fans cette précaution, confidérablement au rouit : une partie feroit encore dure, tandis que l'autre feroit prefque pourrie, & néceffairement la filaffe fe trouveroit endommagée.

Les femmes ou les garçons qui fervent les égrugeurs (a) en Hollande, font là-deffus la plus grande attention.

Feuille du mardi 8 du même mois.

Art du rouiffeur ou de ce-lui qui
Lorfque le lin eft égrugé, l'apprêteur (*le rouiffeur*) doit le mettre rouir (b). Si

---

(a) L'auteur obferve ici que cette précaution effentielle à prendre, pourroit être un motif pour ne pas charger le laboureur Irlandois de cette opération, qui feroit toujours mal exécutée, vu fon incapacité, fon manque d'ufage, de diligence & d'induftrie. L'apprêteur eft reconnu, felon lui, pour un homme beaucoup plus intelligent, plus exact, plus propre, enfin, à cet affortiment & à cette féparation. » En effet, *dit il*, pourvu que le laboureur puiffe mettre » la filaffe de fon lin en état d'être vendue, & qu'il en » tire la graine, cela lui fuffit.

(b) Cette opération eft celle de faire fermenter le lin, afin que la filaffe fe détache de la fubftance ligneufe ou tige.

les routoirs, ou les endroits à rouir qui
font remplis d'eau, font affez grands,
on veut que l'on y porte entiérement tout
le lin qu'on a à rouir, parce que le temps
du rouit preffe : en effet, fi les chaleurs
de l'été commencent à diminuer, le moindre retardement eft très-préjudiciable ;
l'eau perd chaque jour de la chaleur qu'elle
a reçue, la fermentation du lin devient
à proportion plus longue & plus difficile,
& le temps pour le blanchir & fécher fur
le pré, fe paffe : de cette façon l'apprêteur
doit donc être très-diligent, parce que
la perte de quelques jours, renverroit fes
opérations au printemps fuivant.

Mais s'il fe trouve une trop grande
quantité de lin à rouir, on aura foin de
le placer, quoiqu'égrugé, dans des endroits conftruits à cet effet (*granges*), car
il faut bien fe garder de le mettre en
meule (*a*), comme on eft en ufage de le

______

(*a*) C'eft une façon de ranger en rond ou en pile,
dans les cours ou aux environs des métairies, les paquets
de lin, & de placer les bottes toutes droites ce qui prend

faire en Irlande, où l'on expofe aux in-jures de l'air, la plus grande partie de cette précieufe récolte. Ce qui lui eft très-nuifible.

La raifon que cet auteur apporte pour engager à difcontinuer la méthode de mettre en *meule*, c'eft que par ce moyen le lin ne fera plus endommagé par l'humidité qui pénétre à travers les meules, & empêche de pouvoir donner enfuite au lin, non-feulement toutes les façons de préparations qu'exige fa filaffe, mais encore la bonne fabrication des marchandifes qu'on doit en tirer étant filé.

En effet, on perd fur la quantité, fur la longueur, & conféquemment fur la valeur de la filaffe; & d'ailleurs, fi ces filaffes étant filées, entrent dans les toiles, ces toiles deviennent d'une force inégale

---

la forme d'un *pain de fucre*. Quelques-uns les arrangent comme les autres grains, qu'on met auffi en *meule*; & toute la différence de ces *meules* avec les premières, c'eft que les bottes de lins, font couchées l'une fur l'autre à plat, & que les fommets des tiges fe trouvent au centre de la pile.

dans leurs différentes parties, & elles doivent se rompre toutes les fois que ces fils, devenus plus foibles, sont un peu tendus.

L'auteur, après cette petite digression, vient au choix qu'il faut faire de l'eau convenable à l'opération du *rouissage.* » Les deux tiers, *dit-il,* de ceux qui cul- » tivent du lin en Irlande, le mettent » dans des trous de marais ou dans des » rivières (a) « ; & il appréhende que ce défaut de choix dans les eaux, ne soit une des causes qui préjudicient le plus à la perfection de la fabrication des toiles en ce royaume. » L'eau des marais, *pour-* » *suit-il,* donne au lin une couleur de » tan, & on doit s'appercevoir qu'une » grande partie des toiles Irlandoises con-

---

(a) C'est ce qu'on fait en Allemagne : les habitans creu-sent des fossés, à côté des ruisseaux qui avoisinent leurs villages, & y font entrer les eaux pendant le tems que dans ces endroits ils exécutent le rouissage ; c'est-à-dire, qu'ils y déposent leur lin ; ils le couvrent de terre & de pierres, de façon que ces eaux sont successivement & sans cesse renouvellées. Dans beaucoup de provinces on suit cette désavantageuse méthode ; mais dans la Flandre on dépose le lin dans des eaux dormantes.

» ferve un peu de la couleur brune que
» le lin a prife au rouit, quoique les efforts
» des blanchiffeurs foient extrêmes pour
» l'effacer «.

L'emploi de l'eau de rivière met à l'abri de ce danger , mais il expofe auffi à d'autres inconvénients. Le courant violent dérange , embrouille le lin (*a*) , & occafionne un nouveau travail à l'apprêteur qui en fépare la filaffe. On court même le rifque de gâter le lin & de le rompre en l'arrangeant de nouveau.

En fuppofant que ce premier inconvénient puiffe s'éviter, on ne pourra pas, en fe fervant d'eau courante , remplir promptement l'opération du rouiffage ; ces eaux vives ne pourront permettre qu'il fe faffe une parfaite fermentation.

Il eft donc encore effentiel de trouver des qualités d'eaux convenables , & de ne

---

(*a*) L'auteur pouvoit ajouter que les rivières , les ruiffeaux charrient dans les crues d'eau, des *vafes*, des *fables* , (*coulins* , *fanges*) qui gâtent le lin , & que fouvent ces eaux l'emportent par leurs débordements.

plus fe fervir d'eaux ftagneufes ni d'eaux
courantes : il faut faire choix d'une eau
extrêmement *limpide*, c'eft-à-dire de la p'us
claire & de la plus nette qu'on puiffe trouver, & que ce foit auffi la plus tranquille
& la plus douce.

Feuille du mardi 15 du même mois.

L'auteur après avoir fait fentir dans la
feuille précédente, l'utilité du choix d'une
eau convenable pour les opérations des
apprêteurs, engage les mêmes artifans à
fe procurer des fituations avantageufes
pour s'en pourvoir abondammeut & à
leur proximité. On évitera par là les dépenfes immenfes de charrois, qui ne peuvent qu'augmenter le prix de la filaffe.

M.... exige donc que les apprêteurs
aient des habitations de diftance en diftance, dans les différents cantons du
royaume, & qu'ils foient convenablement logés, pour parer aux inconvénients dont nous venons de parler,
& pour exécuter facilement toutes les

opérations attachées à leur art. » Ces
» entrepreneurs, *dit-il*, ne feroient plus
» obligés par-là, d'employer les eaux bon-
» nes ou mauvaifes, telles qu'ils les trou-
» veroient près ou loin d'eux.

Cela pourroit aifément s'exécuter, *con-*
» *tinue l'auteur*, fi l'état y contribuoit,
» en accordant quelques encouragements
» à certains apprêteurs dans différents
» cantons. On verroit bientôt le refte les
» imiter & afpirer aux mêmes fuccès,
» fans qu'il foit déformais néceffaire d'em-
» ployer les mêmes moyens «.

On a fouvent propofé de faire venir
des apprêteurs Hollandois en Irlande,
pour enfeigner aux habitans de ce royaume à perfectionner les préparations de
leurs lins ; mais à moins qu'on n'ait des
établiffements bien formés, l'auteur doute
des avantages que ces artifans étrangers
pourroient procurer, s'ils furpafloient les
apprêteurs nationaux en adreffe. Le défaut de commodités feroit un obftacle à
l'exécution de leurs opérations. On eft

obligé de réunir trop de circonſtances, & elles ne peuvent ſe rencontrer que dans un bon établiſſement. Il ſera donc toujours très-difficile, pour ne pas dire impoſſible, de ſçavoir jamais à quel degré de perfection on peut parvenir, ſi on ne ſuit pas la méthode qui vient d'être indiquée.

L'auteur répéte donc que l'artiſan doit être voiſin d'un grand lac ou d'une rivière tranquile, & que ſon logement doit être fort près des routoirs qu'il conſtruira au bord de ces lacs ou rivières.

Les bons routoirs doivent être pavés, ſi le fond n'en eſt point ſablonneux. Leurs bords doivent être en talus pour ſoutenir les terres, & empêcher que les eaux du routoir ne touchent les racines des arbres (a) & ne filtrent. De même il faut que les eaux de pluie ne s'écoulent pas dans le routoir (b).

(a) On empêche par ce moyen que l'eau ne s'imprégne de certaines couleurs, que ces racines peuvent lui donner, & ne la rendent trouble.

(b) En effet, les limons dont cette eau pourroit ſe

Suivant un principe admis, chez les Hollandois, une situation avantageuse pour une exploitation de métier quelconque, quelque dispendieuse qu'elle soit, n'est jamais trop chère : c'est ce même principe que l'auteur oppose à ceux qui rencontreroient des difficultés à s'établir dans les lieux qu'il indique.

M.... ne veut point entrer dans de grands détails sur la préférence qu'on doit donner à ces eaux dont il conseille d'user. Il se borne à dire qu'on ne peut contester que l'eau tranquille, & qui repose long-temps, ne soit très-douce, & qu'elle fermente moins fortement avec les sucs savonneux du lin : de même que les courants les plus lents & les eaux dormantes exposées à l'action du vent, ont besoin de quelque secours pour devenir très douces. L'expérience le prouve, cela lui suffit (a).

____

charger, troubleroient l'eau du routoir, & la rendroient bourbeuse.

(a) Sans doute que l'auteur trouvoit dans ces réservoirs

On obſerve que ſi l'apprêteur ne peut trouver une ſituation avantageuſe, & pour l'eau & pour les routoirs dont l'auteur parle, il peut ſe ſervir de toute autre eſpèce d'eau (*a*), en exceptant ſeulement les eaux de ſource, parce qu'elles retiennent toujours leur crudité.

Un petit ruiſſeau aſſez abondant, peut convenir pour remplir ſes vues, ſi on a ſoin de faire entrer de bonne heure l'eau dans les routoirs. Cette eau a par ce moyen le temps de dépoſer ſes particules groſſières, dures & pierreuſes, & de recevoir les influences du ſoleil & de l'air. Cette eau devient même d'une très-bonne qualité, quelque mauvaiſe que la ſienne ait été d'abord. Si l'apprêteur n'a pas de belle eau lorſqu'il a de grands réſervoirs (*routoirs*, ce ne peut être que ſa faute, parce que la chaleur & le repos qu'il peut

---

qu'il conſeille auprès des grands lacs ou rivières dont le cours eſt tranquile, cette eau d'une douceur convenable au rouiſſage.

(*a*) L'auteur ſemble ici approuver ce qu'il a rejetté ci-devant, page 219.

procurer à l'eau, en remplissant ses réservoirs de bonne heure dans l'été, lui enlèvent toute la crudité qu'elle pourroit avoir. Il est vrai que certaines eaux reposent plus long-temps que d'autres, & deviennent par ce moyen plus favorables au rouissage ; mais l'essentiel est d'avoir des réservoirs suffisants pour pouvoir toujours se procurer de bonne eau, & lui donner la qualité nécessaire.

Feuille du mardi 22 du même mois de Novembre.

Lorsqu'on aura mis le lin dans les routoirs, il faut le charger d'un poids pour le tenir couvert d'eau. L'auteur dit que l'on peut se servir, pour cet effet, de *terres*, de *joncs*, de *fougeres* ou de *bois* ; mais qu'on ne doit pas employer de pierres aiguës, parce qu'elles pourroient couper le lin (*a*). On doit avoir attention de ne

---

(*a*) Quelqu'un observe avec juste raison que l'usage des terres pour couvrir le lin qu'on rouit, n'est pas convenable à cette opération. C'est cependant celui qu'on suit en

pas trop charger le lin, car s'il étoit si entassé, il ne pourroit soulever le poids dont il seroit chargé, & il ne pourroit rouir également par-tout.

Les Hollandois, *continue l'auteur*, employent souvent à couvrir le lin placé dans

---

Flandre & ailleurs. La raison qu'on donne pour s'y opposer, c'est que ces mottes de terres, en se détrempant, rendent l'eau trouble, & que le bois la fait noircir, ce qui s'accorde parfaitement avec ce que notre auteur a avancé ci-devant, page 223. Il faut donc bien se garder de se servir de ces matières. Il convient mieux d'enfoncer des perches, bâtons ou pieux qui auroient des crochets à leur sommité, & retiendroient des planches ou d'autres perches rangées de travers sur un lit de paille, appliqué sur un tas de lin rangé bottes sur bottes.

Cependant si les eaux de réservoirs y sont tranquilles, on croit qu'on ne doit mettre aucun poids sur le lin qu'on y aura placé. On doit s'attacher seulement à lier deux poignées de ce lin ensemble : de façon qu'à l'extrêmité inférieure de l'une, réponde l'extrêmité supérieure de l'autre. On le placera ainsi arrangé dans le réservoir, jusqu'à ce qu'il en soit rempli. Les extrêmités des poignées se contrebalanceront pour lors, & le lin étant de la même pesanteur *spécifique* que l'eau, il sera couvert de cet élément sans toucher le fond bourbeux du réservoir. On doit le retourner dans l'eau tous les jours, au moins deux fois quand l'eau est chaude ; le lin par ce moyen fermentera avantageusement, & il acquérera une belle couleur, si en le sortant du routoir, on a attention de le laver dans une eau claire & courante, & si ensuite on a l'attention d'étendre ce lin sur l'herbe ; mais un peu moins confusément & moins épais qu'il ne se pratique communément.

le routoir, la boue qui fe trouve au fond de leurs réfervoirs. Ils préférent cette méthode à toute autre, parce que le fédiment, qui n'eft compofé que des dépôts du lin, forme avec le temps un limon noir & pefant dans les eaux dormantes, & ils croient qu'elle donne à la filaffe du lin cette légère teinte grife, à laquelle ceux qui ne font pas connoiffeurs, préférent fans doute la couleur blanche ou jaune du nôtre (*a*); cependant les filaffes grifes blanchiffent mieux, & la toile qu'on en fait eft d'une couleur plus vive que celle qui eft fabriquée avec les autres.

Pour autorifer l'opinion des Hollandois, l'auteur confeille de tenter des effais, » ce qu'il y a de certain, *dit-il*, c'eft que » leur lin eft d'une couleur différente du » nôtre, & qu'il en prend une meilleure » au blanchiffage «. Si la boue, dont on vient de parler, y contribue, on doit pré-

____

a) En Flandre c'eft également cette couleur jaune ou blanche que l'on eftime.

férer les réfervoirs aux lacs & aux rivières
d'un courant tranquille , parce qu'il n'y
a que ces premiers endroits où l'on puiffe
en trouver.

Le temps qu'il faut pour opérer un parfait rouiffage ne peut être fixé. Cela dépend du degré de fermentation qui eft néceffaire pour féparer la filaffe de la chenevotte (*tige ligneufe du lin*) , & cette fermention eft plus ou moins longue fuivant la
qualité du lin & de l'eau , & felon la
chaleur de la faifon.

Quand l'eau eft très-douce, que l'air
eft chaud, & que le lin eft d'une nature
facile à fermenter, trois ou quatre jours
fuffifent. Quelquefois , au contraire , la
fermentation n'eft parfaitement opérée
qu'au bout de huit , dix , feize & dix-
huit jours ; cela dépend des circonftances
qui l'arrêtent ou qui l'accélérent ; on ne
peut par conféquent établir là-deffus une
règle générale. On ne peut de même s'inf-
truire là-deffus comme il faut, que par une
pratique confommée. L'apprêteur doit

ſçavoir connoître ſon eau & la tempéra
ture de l'air.

Quoiqu'il en ſoit, cet ouvrier ne doit
pas cependant manquer de faire des
épreuves ſur le lin, après le troiſième
jour (a) que cette plante aura été miſe
dans l'eau. Lorſqu'il reconnoîtra que ſa
chenevotte ſe ſépare facilement de la
filaſſe, & que cette filaſſe s'apprête bien,
après avoir été ſéchée, il doit la tirer tout
de ſuite, parce qu'alors elle a reçu tout
ce que le rouit peut lui communiquer; cha‑
que heure de plus dans l'eau ne feroit que
l'affoiblir & l'altérer. L'auteur ajoûte mê‑
me, qu'il ne faut point attendre que le

(a) On obſerve que pour faire ces épreuves, on doit
prendre une poignée de lin dans les paquets qui ſe trou‑
veront à un pied de profondeur ou environ dans l'eau,
parce que la fermentation ne ſe fait pas dans le lin placé
au‑deſſus, auſſitôt que dans celui qui ſe trouve au‑deſſous.
Ce dernier ſeroit trop roui, ſi on attendoit que l'autre le
fût parfaitement. On prend ſept à huit tiges de plantes,
on les frotte doucement avec le pouce vers l'extrémité
ſupérieure de la plante. Lorſque la filaſſe ſe détache aiſé‑
ment de la chenevotte, il eſt certain que le lin eſt ſuffi‑
ſamment roui; la chenevotte ſe rompt pour lors au lieu
plier, & fait du bruit en ſe rompant.

lin

lin ait perdu toute fa dureté à la fortie de l'eau. Si on attendoit pour l'en tirer, que cette dureté fut enlevée, on le trouveroit très-foible, & même à demi-pourri. L'ufage d'ailleurs de l'étendre fur l'herbe pour fécher, lui ôte fuffifamment cette dureté lorfqu'il n'a pas été trop roui ; & il eft intéreffant de ne pas laiffer trop rouir le lin.

La force & la bonté font préférables à tous égards à cette foupleffe que beaucoup eftiment dans la filaffe. En effet, fi la filaffe eft altérée ou à demi-pourrie, on ne peut réparer cet inconvénient par les opérations qui fuivent le rouiffage ; au lieu qu'on peut détruire facilement la dureté de la filaffe, ou en laiffant le lin beaucoup plus long-temps fur l'herbe qu'il ne devroit y être, ou en employant des inftruments qui l'affoupliffent.

L'apprêteur qui doit fuir ces deux extrêmités, ne fe trompera pas beaucoup, fi chaque jour il obferve fur une poignée de lin l'expérience qu'on vient de lui indiquer; cependant jusqu'à ce que l'apprê-teur ait acquis une connoissance parfaite sur le degré de fermentation convenable, il doit se conformer à l'usage le plus suivi, qui est de tirer le lin de l'eau plutôt que plus tard (*a*).

Art de sécher le lin à l'air.

Le rouit étant fini, on étendra le lin sur un terrein sec, mais couvert d'une herbe courte (*b*): on l'y laissera sécher jusqu'à ce qu'il soit parfaitement blanchi, & qu'il soit même devenu assez sou-ple (*c*).

(*a*) Un rouit trop long, rend, en effet, la filasse plus blanche, plus souple, mais plus foible, & souvent elle tombe en *étoupe*, lorsqu'elle est seranchée, ce qui en diminue la quantité. Nous sommes d'accord là-dessus avec bien des personnes.

(*b*) Si on l'étendoit, au contraire, sur une herbe longue, cette herbe, retenant trop l'humidité après les pluies & les rosées, occasionneroit une nouvelle fermentation dans le lin, & en l'empêchant de se sécher, elle le feroit pourrir.

(*c*) L'usage en Irlande, comme en bien des endroits de Flandres, est de laisser le lin étendu sur l'herbe, l'espace de trois semaines ou environ, selon la saison & la bonté du lin, lorsqu'il est bien roui & qu'il a été étendu pour sécher. Cependant on doit le rassembler immédiatement après qu'il est séché, & deux ou trois jours suffisent pour cette opération, sur-tout quand les chaleurs sont fortes. Pour connoître s'il est bien sec, il faut frotter

Lorſqu'on ne trouvera point un terrein de cette nature, c'eſt-à-dire, un endroit ſec où l'herbe ſoit courte, il faudra éten-dre le lin ſur des bancs de ſable ou de gra-vier pierreux & non mêlés de terres ; & même en général on peut ſe ſervir de toute expoſition ſéche, pourvu qu'il n'y ait pas de boue. On a remarqué que les expoſitions les plus chaudes ſont les meil-leures.

Il eſt cependant important de retour-ner ſouvent le lin , au moins de deux jours l'un. Il ne faut pas non plus le laiſſer trop long-temps étendu ſur l'herbe, cela lui ſeroit très-nuiſible , auſſi-bien que ſi on le laiſſoit trop rouir. Il eſt important de le bien aſſortir (*a*) , & de lier les diffé-

---

doucement la plante de lin entre les deux mains, & lorſ-que la filaſſe ſe ſéparera de la chenevotte, on ne pourra douter qu'il ne ſoit ſec. On croit que l'on doit le ramaſſer lorſqu'il eſt encore échauffé par la chaleur du ſoleil , parce que l'on prétend qu'il ſe conſerve mieux, & qu'il eſt beaucoup plus facile de le broyer, &c.

(*a*) L'auteur oublie ici qu'il avoit déjà conſeillé cette précaution lorſqu'on égruge le lin(*), elle paroît ici inutile,

(*) Voyez ci-devant , page 215.

rentes efpèces en paquets féparés, quand on les aura amaff_es.

Les paquets doivent être de la groffeur d'une gerbe de bled ordinaire : au moyen de l'affortiment que l'on confeille, toutes les plantes de lin qui les compoferont, feront d'une même longueur, de la même fineffe & de la même foupleffe; & les artifans qui exécutent les opérations de préparations du lin relatives & fucceffives à celles-ci, trouvant les différentes efpèces de lin ainfi féparées, ne confondront pas de bonnes filaffes avec de mauvaifes. On mettra ces paquets en cette forme dans la grange, ou on les donnera fur le champ à préparer, (*broyer, &c*).

Feuille du mardi 29 du même mois.

Art du haleur ou de ce- M.... fait confifter tout le fuccès de la bonne filaffe du lin, à bien fécher cette

---

fi elle a été d'abord obfervée avec exactitude ; apparemment qu'il appréhende un nouveau mélange lorfqu'on retournera ce lin pour le faire fécher. Ce nouveau mélange rendroit les paquets qu'on en feroit enfuite d'une hauteur peu uniforme.

plante après qu'elle a été rouie. Quelque foin que l'on ait pris en le rouiſſant & en l'étendant ſur l'herbe, *dit-il*, rien n'eſt fait ſi on ne porte attention à ce dernier objet.

L'uſage Irlandois eſt de faire ſécher le lin ſur des claies , & d'allumer du feu deſſous ; mais la fumée en paſſant à travers le lin doit le décolorer. Pluſieurs paquets entaſſés les uns ſur les autres , & ſe trouvant placés à des diſtances différentes de l'action du feu, ſéchent inégalement. De là l'auteur conclut qu'un paquet doit être preſque brûlé, lorſque l'autre ne peut être aſſez ſec pour être broyé ; que la chaleur agît moins ſur le milieu du paquet que ſur ſes parties extérieures, & que celles-ci doivent être preſque brûlées lorſque les autres ſe reſſentent à peine de la ſéchereſſe ; a cela l'auteur joint tous les inconvénients des incendies , objets qui ne ſont pas moins eſſentiels à conſidérer que les précédents.

Un hâloir ou un four eſt préſenté comme le remède pour ſuppléer à cette méthode vicieufe, & même il furpaffe les lieux appellés *chauffoirs* ou *étuves*, où l'on a coutume de mettre des poëles.

Cet endroit féche également, promptement, fûrement, à peu de frais & fans gâter la couleur du lin, & voici la pratique qu'on enfeigne à ce fujet.

M.... en fuppofant que l'apprêteur foit logé convenablement, c'eft-à-dire, qu'il ait outre fes granges ou les greniers, un endroit où il puiffe exécuter toutes les opérations qui fervent à préparer le lin, veut abfolument qu'il ait encore un autre lieu dont nous parlerons (*a*), à une des extrêmités duquel, on puiffe conftruire ce four.

Le hâloir doit avoir une très-grande cheminée, & la grandeur de ce four doit être déterminée à raifon des quantités de bottes de lin qu'on juge pouvoir fécher pendant la nuit, pour broyer le jour fuivant, & des dimenfions de l'attelier où on le broye & où on l'efpade.

(*a*) Endroit pour broyer & efpader.

Communémént un hâloir ayant quinze pieds de longueur, dix de largeur & cinq de hauteur, occupera autant d'hommes pendant un jour, qu'on en peut placer commodément pour broyer & eſpader dans un attelier de trente pieds de longueur ſur quatorze de largeur.

Ce hâloir doit être bien voûté, & plus profond par conséquent que le four des boulangers. Son entrée doit être grande, de façon qu'un homme puiſſe y paſſer facilement. Elle ſe ferme avec une porte de bois.

Pour chauffer ce hâloir, on ſe ſert de bois la première fois, mais les nuits suivantes, on n'employe à cet uſage que les déchets du lin le plus groſſier & les balayeures de l'attelier. Chaque jour en fournit ſuffiſamment pour cette beſogne. On allume ce feu quelques heures avant que l'ouvrage du jour finiſſe, & le hâloir ſe trouve avoir le degré de chaleur convenable (a), avant qu'on ait ceſſé de

______

(a) Le degré de chaleur d'un hâloir eſt convenable,

broyer & d'espader tout le lin séché la nuit précédente.

On le remplit de paquets, lorsqu'on a fini le travail dont nous venons de parler, & ce lin parvient le lendemain au point de séchereße qu'il lui faut, pour être travaillé. De cette façon, on ne perd aucun temps.

Voilà tout ce que la société de Dublin a publié sur les opérations d'*égruger*, de *rouir* & de *sécher* le lin. Nous rendrons bientôt compte de celles qui les suivent.

lorsqu'un homme peut y reſter ſans incommodité. On le peut déterminer encore par le moyen d'un thermomètre.

ECLAIRCISSEMENS

NÉCESSAIRES

DEMANDÉS SUR DES OBJETS QUI INTÉRESSENT LES ARTS ET MÉTIERS.

I.

Sur l'obstacle qui s'oppose au progrès de l'art d'apprêter les filasses du lin & du chanvre, &c. lorsque cet art est réuni avec l'agriculture.

EN France, & dans plusieurs autres endroits, les laboureurs sont chargés des préparations nécessaires à la filasse du lin & du chanvre, de sorte que le même homme exerce également l'agriculture & l'art de préparer les filasses. Ce double soin, par les raisons qui ont été ci-devant rapportées (a), & que la société

____

(a) *Voyez* page 206 & suivantes, & 213 & 216.

de *Dublin* semble adopter, peut nuire à l'un ou à l'autre de ces deux arts, lorsqu'ils sont réunis sur une même personne.

Il semble qu'il ne doive point y avoir d'objection à faire sur cette remarque ; cependant bien des gens, tyrannisés par l'empire de l'habitude, n'entendent parler qu'avec peine d'une innovation qui paroît si utile.

» Les laboureurs, *disent-ils*, ne se de-
» saisiroient qu'avec de grandes difficul-
» tés d'un objet de gain auquel ils sont
» accoutumés, & les apprêteurs n'entre-
» prendroient qu'avec crainte une occu-
» pation qu'ils croiroient ne pas devoir
» leur être assez lucrative «.

Il est aisé de prouver aux premiers que les fruits des soins qu'ils donneroient uniquement à l'agriculture, seroient plus que suffisans pour les dédommager de ce qu'ils perdroient d'un autre côté.

Et l'on démontreroit facilement aux autres, que la perfection qu'ils donne-roient aux filasses, & la quantité qu'ils

en pourroient préparer , leur apporte-
roient un profit très-confidérable.

On demande aux diverfes fociétés établies en France , leur fentiment fur ce
point , qui paroît d'une affez grande importance. Et dans le cas où leur opinion
feroit conforme à la nôtre , nous les
prions de l'appuyer de tout leur pouvoir.

Nous les conjurons de joindre leurs
voix aux nôtres , & de fe faire entendre
efficacement à ces hommes en place qui
fe fignalent par les fervices qu'ils s'effor-
cent de rendre à leur pays.

Il en eft un entr'autres dont l'exemple
eft bien digne d'être cité , & principalement fur l'objet dont il s'agit. C'eft M.
Dodard , intendant du Berry , dont
les foins vigilans ont beaucoup contribué
à perfectionner dans cette province les
préparations du chanvre. Après avoir lû
les mémoires de M. *Marcandier* fur cette
matiére , il s'eft empreffé de les faire
adopter & exécuter d'une manière qui
fait autant d'honneur à fes lumières qu'aux

ſentiments patriotiques qui l'animent. De pareils ſecours, s'ils étoient un peu multipliés, nous feroient bien-tôt parvenir au but qui nous fait écrire, nous verrions le bonheur général ſuccéder à nos travaux.

I I.

Sur cette queſtion. *Eſt-il plus à propos de planter des arbriſſeaux ſur les chauſ-ſées ou digues, & ſur les rives ou bords des foſſés pratiqués dans des terreins deſſéchés, que de n'en point planter ?*

En parlant des plantations d'arbriſſeaux ſur les digues des rivières, & ſur le bords des foſſés des terreins deſſéchés, nous avons rendu compte des ſentiments de la ſociété de Dublin & de celle de Bernes à ce ſujet.

Nous avons fait voir que la première rejette l'introduction de ces plantations, & nous avons obſervé que la ſociété de Bernes les juge indiſpenſables (a).

____

(a) *Voyez* ci-devant, page 164 & page 198.

Cette contrariété ne peut que jetter dans l'indécision ceux qui se disposeroient à suivre l'une ou l'autre opinion. Il est donc important d'avoir des raisons solides qui puissent fixer l'incertitude.

A cette demande nous en ajoûterons une qui n'est pas de moindre conséquence. Nous voudrions qu'on nous donnât la meilleure méthode qu'il faudroit employer pour mettre les digues & les rives des fossés hors d'état de s'ébouler.

C'est sur les lumières qui nous seront procurées, que nous étayerons la pratique que nous nous proposons d'indiquer.

I I I.

Sur cette autre question : *Les femmes doivent-elles être admises dans les sociétés d'agriculture ?*

On nous a demandé s'il seroit avantageux pour les sociétés d'agriculture, & pour les arts qu'elles embrassent, d'y admettre des femmes, qui prendroient le

titre d'associées libres ou de correspon-
dantes ?

Nous proposons cette question, parce
qu'elle nous a été faite. Nous n'aurions
jamais imaginé que l'affirmative dût passer
pour problématique.

La barrière que l'orgueil & l'ignorance
se sont efforcés de mettre entre les deux
sexes, doit être renversée dans un siècle
qu'on regarde comme l'époque du triom-
phe de la philosophie.

Cette philosophie qui, en dissipant des
préjugés nuisibles, nous donne des lumières utiles, nous apprend que la déli-
catesse d'organes, qui est en général le
partage des femmes, ne les éloigne que
des sciences les plus abstraites. Dans tous
les autres genres elles sont capables de
nous féconder, & quelquefois même de
nous surpasser.

Les mystères de l'agriculture, &
des arts qui lui sont relatifs, ne doivent donc point leur être voilés (a).

______

(a) Plusieurs académies ont des dames pour *associées.*

Les soins du ménage , & l'éducation des beftiaux, volailles & infectes, &c. qui font abandonnées à la vigilance de bien des perfonnes de leur fexe , les rendent très-propres , non-feulement à entendre nos ouvrages , mais même à nous communiquer de très-avantageufes obfervations.

L'éloquence fimple , claire & précife que la nature leur a donnée , peut les rendre de la plus grande utilité pour les fociétés dont elles feront membres. Elles en deviendront en quelque forte les interprêtes. Elles mettront à la portée de bien des gens du peuple qui leur font fubordonnés, les endroits de nos ouvrages , qui, malgré nos efforts, paroîtront peu

---

& même pour *membres*. L'admiffion récente entr'autres de la dame *Lepautre*, époufe d'un horloger de Paris, comme membre de l'académie de *Beziers*, eft une preuve de ce que nous avançons.

Cette dame avoit envoyé à cette illuftre compagnie, un mémoire concernant le paffage de Vénus fous le difque du Soleil, & une table exacte du lever & du coucher de cet aftre fur l'horizon de Beziers. *Gazette de France de 1762*, *n° 21*, *page 94.*

intelligibles à cette claſſe de nos lecteurs.

L'eſprit d'inſinuation qu'elles ſçavent ſi bien employer, peut être d'un merveilleux ſecours pour faire adopter aux gens de campagne, de nouvelles méthodes qui ſeroient rejettées par la tyrannie impérieuſe d'une coutume contraire.

Mille autres raiſons ſe préſentent à notre plume en leur faveur; mais nous en avons dit aſſez, nous plaidons leur cauſe devant des François.

OBJETS DIVERS.

AGRICULTURE, COMMERCE, ARTS ET METIERS.

LA pureté de nos vues, notre conf-
tance à remplir nos engagements, le travail opiniâtre auquel nous nous fommes
affervis, commencent enfin à vaincre
nos adverfaires & à intéreffer fortement
pour nous le zéle de ceux qui voient
notre entreprife avec indifférence.

C'eft l'effet naturel que doivent toujours fe promettre ceux qui feront fin-
cerement animés du défir d'être utiles,
& qui ne profaneront point l'art de perfuader les hommes, en le faifant fervir à
les éblouir ou à les égarer.

Une des plus folides preuves de l'intérêt que la droiture de nos intentions
infpire généralement , c'eft la quan-

tité de mémoires qui nous font adreſſés, & dans leſquels nous ſommes conſultés ſur les différents objets qu'embraſſe notre ouvrage. Loin de nous prévaloir d'une confiance auſſi flatteuſe, nous croyons ne pouvoir mieux la reconnoître qu'en ſoumettant aux lumieres du Public la déciſion des points ſur leſquels on veut être éclairé.

Notre fonction ſe borne à recueillir les voix & à mettre les jugements dans la forme que nous croyons la plus convenable.

Voci l'extrait de l'un des Mémoires dont nous venons de parler.

Eſſai projetté par le Comité d'Agriculture de la Société Royale de Londres, ſur les moyens de former des PRAIRIES ARTIFICIELLES, dont les herbes végéteroient pendant l'hyver.

L'inſuſſiſance des fourages des prairies naturelles a porté à rechercher les moyens d'y ſuppléer.

Quelques Membres de la Société Royale de Londres ont pensé qu'on pourroit faire servir à la nourriture des bestiaux, plusieurs plantes qui végétent en hyver, & qu'on leur pouvoit donner ces nourritures pendant cette saison, en les mêlant avec les autres plantes séches des prairies, & aussi sans y rien mêler.

Cette découverte qui seroit d'une grande utilité, suppléeroit au manque de fourages ordinaires, & ouvriroit une nouvelle branche de Commerce par le débit de ces nouvelles productions.

En conséquence, la Société propose de cultiver, comme par essai, les plantes qui sont sous les dénominations suivantes.

NAVETS.

Toutes les espèces de *navets* (*napi*) domestiques & sauvages, sont estimés convenables à la nourriture des bestiaux, & comme il y en a un grand nombre d'espèces, nous donnons ici les noms

& les propriétés de ceux qui font les plus connus.

Noms des différentes especes de navets.

La première espèce de ces plantes bi-fannuelles est le *navet de Berlin* ; fa racine est fort menue ; elle est plus longue que ronde , & fort blanche. Ce navet est le plus hâtif.

Les autres font,

Le *navet commun* long ou rond.

Les *navets gris.*

Le *navet blanc* & *jaunâtre* de pelure ; femblable à celui de *Meaux.*

Le *navet rave,* ou le *turneps* ou le *turnips,* rave du *Limoufin,* rave de *Flandres* ; fa racine est ronde, plate, en forme de *pomme,* & fa pelure est blanche (*a*).

Propriétés des navets.

Les vertus de toutes ces plantes font béchiques, pectorales, apéritives & cordiales.

Culture des navets.

On conseille de cultiver ces plantes de la manière fuivante.

(*a*) Nous en avons donné la description page 100 du premier volume du Commerce : nous y renvoyons le Lecteur ; c'est le meilleur pour les bestiaux.

Les terreins légers (*fablonneux*) font in-diqués comme les plus convenables pour la culture des navets, & on profcrit les terreins forts & humides, (*glaifeux*,) parce que ces racines y font prefque toujours verreufes & fans goût.

On doit les femer immédiatement après la récolte du grain d'hyver ou de prin-tems le plus hâtif, c'eft-à-dire, du grain qui aura été le plutôt recueilli ; il faut avoir foin de bien ameublir la terre, de n'y jetter la femence que lorfque cette terre ne fera ni trop humide, ni trop féche, & de la répandre à la profondeur de deux pouces ou environ.

Comme la femence eft trop menue & qu'il faut qu'elle foit diftribuée par-tout également, devant être fort claire fe-mée, on doit la mêler avec trois fois autant de *cendre*, de *fable* ou de *fcieure de bois* ; enfuite herfer la terre pour la cou-vrir.

Ces plantes étant levées & venues à un certain point de force, doivent être ſarclées, c'eſt-à-dire, qu'il faut ôter les mauvaiſes herbes qui y croîtront, & éclaircir les navets qui paroîtront trop drus.

R A V E S.

La Société déſire qu'on uſe également de deux eſpèces de raves & de radix connus en latin ſous le nom de (*rapi.*)

La *rave ſauvage* appellée en latin *rapa ſativa* vel *vulgare rotunda*, *radice candidâ*, eſt la plante qui eſt la première recommandée ; c'eſt le *turneps* dont nous avons fait mention ci-devant en parlant des *navets* (*a*).

La *rave de Francfort* ou de *Strasbourg* vulgairement appellée *gros radix noir*, *raifort ſauvage* : en Flandres, *ramolage* ou *remola* : en italien, *romolache* : en latin, *raphanus ruſticanus*, *craſſâ radice*, *lephati folio*, & encore *armoracia raphanus*, eſt la ſeconde plante propoſée. Sa vertu eſt antiſcorbutique, ſtomachale.

Noms des raves & radix.

Propriétés de la rave de Franc. fort.

(*a*) Voyez ci-devant page 250.

pectorale, &c. Sa racine ou son navet est noir & gros comme le *poignet*, il est allongé à proportion.

Le terrein qui lui est propre comme à la première sorte, doit être fort & humide, (*glaiseux*,) & on doit jetter la semence comme on jette celle des *navets* dont nous avons parlé ; mais on doit faire cette semaille dans le mois de Juin ou environ.

Il s'en trouve une autre espèce appellée *gros radix blanc*, à cause de sa pelure qui est d'un gris sale au lieu d'être brun ; mais le premier est supérieur en vertu & plus propre à l'objet proposé.

Les bestiaux sont très-friands de ces radix ; on en recueille souvent qui pesent 5, 6 ou 7 livres.

PIMPRENELLE.

La plante de pimprenelle que quelques-uns nomment *pimpenelle* ou *pimprenelle* : en latin, *pimpinella sanguisorba minor, hirsuta & levis ; sideritis secunda ;*

fiffiteris, eſt auſſi choiſie pour le fourage d'hyver.

Propriétés de la Pimprenelle. La vertu de cette plante eſt d'être vulnéraire, apéritive, de purifier le ſang, d'exciter les ſueurs, de pouſſer les urines, & d'être aſtringente & rafraîchiſſante.

Différentes ſortes de Pimprenelles. Il y en a de deux ſortes ; la cultivée & la domeſtique ; mais celle des jardins ne différe de la domeſtique que parce qu'elle eſt cultivée ; au ſurplus c'eſt la même.

On connoît parmi cette dernière deux eſpèces de pimprenelles, la petite & la grande. L'une a les feuilles rondes, l'autre les a allongées, & elles jettent l'une & l'autre beaucoup de feuilles ſur terre ; leurs branches qui en ſont remplies & qui rampent à plat, vont juſqu'à un demi-pied à l'entour du cœur ou de la racine qui les produit (*a*).

____

(*a*) Nous avons décrit amplement la grande pimprenelle page 178 du premier vol. du Commerce, nous y renvoyons pour plus ample inſtruction ſur la deſcription des plantes dont il eſt ici queſtion. La deſcription de l'une peut ſervir pour l'autre.

On seme ces plantes au mois de Mars de la même maniere que les graines des plantes précédentes, il faut avoir soin de les sarcler au besoin. Toute sorte de terre leur est assez propre, mais elles en demandent d'une nature un peu humide. Plus ces plantes sont coupées de fois, parvenues à une certaine hauteur, plus elles repoussent de branches & de feuilles ; elles sont très-hatives & fleurissent au mois de Juin.

Culture des pimpinelles.

PERSIL (*a*).

La plante du persil domestique, vulgairement appellé le commun ; en latin, *apium hortense sive petroselinum vulgo*, est aussi une des plantes qu'on propose.

La vertu de cette plante est apéritive, résolutive, vulnéraire, diaphorétique ou purgeant les humeurs par transpiration.

Propriétés du persil.

Il faut bien ameublir la terre & met-

Culture duPersil

(*a*) C'est celui qu'on cultive ordinairement dans les potagers. On pourroit même également user du persil à grosse racine, qui ne differe du commun que par cette partie, & parce que la côte de ses feuilles sont plus grosses. Il a la même vertu qu'a le premier.

tre la femence à deux pouces de profondeur. On ne doit pas la femer claire ;
il faut avoir la même attention que l'on
a prefcrite pour les *navets* & les *raves.*
Cette plante leve au bout de trois fe-
maines, & on doit avoir foin de la faire
farcler quand elle eft venue à un certain
dégré d'accroiffement ; il faut même la
faire *ferfouir*, c'eft-à-dire , ameublir la
terre à l'entour de chaque plante avec
quelques inftruments, comme fi on her-
foit une terre non enfemencée.

Toute forte de terre convient au perfil , mais on doit préferer la terre forte ,
(l'*argilleufe*); il ne lui faut pas de fumier, à moins que ce ne foit lorfqu'on
feme cette plante dans les terres glaifes
ou d'argilles , terres qui font faciles à fe
fendre & fort peu améliorées , c'eft-à-
dire, qui ne font pas encore rendues
glaifeufes, argilleufes. Dans ce cas il lui
faut du terreau, du fable ou du fumier
bien pourri que l'on met par-deffus la
femence.

Y V R A Y E.

Cette plante anciennement appellée *zizanie*, & en latin, *lolium*, eſt de deux ſortes. Diffé-
rentes
ſortes
d'yvraie

L'une eſt appellée *yvraie* ou *yvroic domeſtique* ; & l'autre eſt appellée *yvraie ſauvage*, de *rats* ou de *ſouris* ; elles ſont jugées très-convenables à l'objet pro-jetté (*a*).

On conſeille de jetter la graine de ces plantes en terre, après que la récolte des grains ſera faite, ſans labourer ce-pendant la terre ; mais comme cette graine peut paroître & que les oiſeaux pourroient facilement la dévorer étant jettée ſur le ſol, la Société conſeille de les en faire écarter juſqu'à ce que la plante qui en proviendra, ait pouſſé & ſoit devenue forte.

S I B E R I A N   B O R O N.

Comme nous croyons que cette plante

(*a*) L'une & l'autre ont été décrites page 37 du pre-mier Volume de notre Partie du Commerce, nous y renvoyons.

appellée *fiberian boron* eſt un *chou ſau-vage* ou un *chou d'hyver*, *chou gelif* ou *gelé* ; (*a*) *chou à tige élevée*, *pommé* ou *non pommé* ; en latin, *braſſica* ou *caulis* ; & que c'eſt un chou qui ſupporte faci-lement les gelées, pour ne pas nous tromper, nous en allons citer pluſieurs ſortes toutes connues en France.

Premie-re ſorte. Il y a de ſix ſortes de choux gelifs.

Le premier appellé *chou pancalier*, a ſa feuille verte & friſée ; la côte fort groſſe, tendre & moëlleuſe ; il ne s'éleve pas fort haut & ſouvent il ſe pomme.

Seconde ſorte. Le *chou à la groſſe côte* eſt de deux eſ-pèces ; le blond & le verd. Quoiqu'ils reſſemblent en forme, ils different ce-pendant en couleur & en qualité. Le blond a la feuille très-jaune, & il eſt très-tendre & très-délicat, ſur-tout après avoir ſouffert quelques petites gelées,

---

(*a*) Nous penſons effectivement que cette plante ap-pellée par les Anglois, *fiberian boron*, eſt un de ces choux qui ſupportent la gelée & dont les feuilles ne ſont bonnes dans les *potages*, &c. qu'après avoir reçu les influences de cet effet de l'air.

(*car il ne peut souffrir les fortes*) ; & l'autre au contraire a la feuille verte, & il
résiste à toutes les gelées. Souvent comme la première sorte , ces deux espèces de choux se pomment & leur tige
ne s'éléve pas beaucoup.

Celui de la troisiéme sorte ou *le chou*
brun, a la tige de trois pieds ou environ.
Il fournit dans toute sa longueur des
feuilles extrêmement frisées, frangées
& plissées par ondes. Des aisselles de ces
feuilles, il sort un rejetton. Cette plante
ne forme aucune pomme à la tête de sa
tige.

Celui de la quatriéme sorte ressemble
au *chou-navet*, & il est appellé communément *chou* de *siam*.

Ce chou-navet ressemble par ses feuilles au dernier chou que nous venons de
nommer ; elles sont découpées comme
celles de la *rave* ; ce chou ne fait pas de
tiges, & toutes ces feuilles sont ra-
massées autour du cœur à fleur de terre.
Sa racine est une espèce de *navet* sou-

vent de la groffeur d'une *bouteille*, mais il a une forme irrégulière. La peau en eft dure & fort épaiffe.

5me forte.

Celui de la cinquiéme forte qui eft le *chou marin d'Angleterre* a fa feuille comme celle des autres choux, mais elle eft plus épaiffe & plus charnue ; elle eft frangée & pliffée par ondes fur les bords. Il fort des tiges & d'entre fes feuilles des branches portant à leur extrémité des bouquets de fleurs blanches à quatre petales & difpofées en croix ; la femence qui s'y forme eft oblongue ou brune.

6me forte.

Celui de la fixiéme & dernière forte eft le *chou maritime*, appellé en Flandres, *chou à chimette*. C'eft une plante vivace, dont la tige s'éléve à trois pieds ou environ. Sa feuille eft d'un gros verd médiocrement frifée, & fa tige ne porte point de pomme.

Culture des choux.

Toute terre affez forte & un peu humide eft indiquée comme propre à la culture des choux, mais on obferve que ces plantes font ennemies de la terre fablonneufe.

On les feme vers la S. Jean fur une couche ou canton de terre compofée de terreau préparé ou bien ameubli ; l'expofition de cette couche doit être au levant & tirant un peu vers le midi. On les plante ailleurs au mois d'Août, mais dans des tems pluvieux.

On les range dans les champs deftinés à la plantation, foit à la main en perçant des trous de diftance en diftance, foit en fe fervant d'une charrue légere, (*binot*), & rangeant également ces plantes de diftance en diftance dans le foffé du fillon ; cet inftrument en formant un nouveau foffé, recouvre le plan placé & rangé dans le précédent. On pratique cette méthode pour la plantation du bled de *Turquie*, du *Colfat* & d'autres plantes.

Carotte.

Cette plante potagere appellée en latin, *carota lutea vel alba*, eft de plufieurs efpèces, & l'une & l'autre étant des plantes fort connues, il nous femble inu-

tile de donner une idée de leur defcription.

Proprié-tés des carottes　Les vertus des carottes font carmina-
tives & diurétiques ou propres à provo-
quer les urines ; elles font auffi vulné-
raires & fudorifiques, apéritives, emmé-
nagogues ou provoquant les mois.

Culture des ca-rottes.　On peut femer au printems celles
dont les feuillages doivent être confom-
més pour l'automne, & leurs racines
pendant l'hyver. Sçavoir, celles qu'on
voudra mettre dans des terres fortes, on
les femera vers la mi-Avril ; & celles
qu'on voudra mettre dans des terres légeres, on les femera au contraire vers
la mi-Mars. Il faut avoir attention de ne
pas choifir une terre qui foit trop humide. Pour en avoir pendant le printems,
il faudra en femer la graine vers la mi-
Septembre dans toutes fortes de terres
fortes ; & dans les terres légeres, il ne
faudra les femer qu'à la mi-Août. On far-
clera ces plantes à la Touffaint. La racine aura alors la groffeur d'une *plume à*
écrire ;

écrire. On les couvrira avec de la *litiere* ou des feuilles séches aux approches des gelées, & au mois de Mars suivant, si elles sont trop drues, il faudra les éclaircir : de même aussi, si l'on s'apperçoit qu'il y en ait qui montent, il faudra les arracher.

Quelques heures après l'une & l'autre semaille & dans un tems serein, il faut faire passer dessus la terre ensemencée, le *rouleau* ou le *cylindre.*

Il faudra préparer les racines de ces plantes qui seront à consommer pendant l'hyver, de la manière suivante.

Vers Noel ou au moment des premières *gelées* un peu fortes, il faudra arracher les racines des carottes, leur couper le verd & le faire sécher au *soleil* : on les mettra ensuite à l'abri des injures de l'*air.*

PANAIS.

Cette plante est appellée en latin, *pastinaca sativa,* & nous l'avons décrite page 103 du premier Volume de notre Partie du Commerce.

Culture du panais.

Le choix de la terre pour cette plante, ainsi que sa culture, sont les mêmes que pour les *carottes* dont nous venons de parler.

BETTE-RAVE.

On propose deux espèces de bettes-raves, la blanche & la rouge, car il y en a trois.

Différentes sortes de bettes-raves.

La première de ces deux plantes qu'on nomme en latin, *beta radice albâ* vel *can-didâ* : en françois, *bette-rave blanche* ; & la seconde qu'on appelle en latin, *beta rubra radice rapæ* ; *rapum rubrum sati-vum.*

Propriétés des bettes-raves.

Elles sont l'une & l'autre de vertu émolliente, adoucissante & légérement laxative & sternutatoire.

La différence qui se trouve entre ces deux sortes de bettes-raves, n'est que dans la forme , grosseur & couleur de leurs racines & feuillages. Les feuilles ressemblent communément à celles de la plante appellée *bette* ou *poirée ;* mais la première efpèce de *bette-rave* les a vertes, & l'autre les a d'un rouge violet. La côte eft d'un rouge amarante, large & plate ; & leurs racines font plus ou moins longues.

Il faut les femer vers la fin d'Avril dans une bonne terre chaude, bien ameublie, (*c'eft celle qui approche le plus du terreau*) & dans les bonnes terres froides, (*fablonneufes, crayeufes, argilleufes,*) vers la mi-Mai ; il faut les diftancier l'une de l'autre d'un pied ou environ ; elles demandent que le terrein foit un peu humide.

Vers la Touffaint ou vers les approches des gelées on les retire de la terre ; on en coupe les feuilles & on nettoye le peu de terre qui peut refter à l'entour de la racine. On les laiffe féchef pendant un jour au foleil, & on les enferme enfuite fans autre précaution.

Vers le mois de Février ou de Mars, on en plante pour en avoir de la graine.

Culture des bettes-raves.

S ij

CHOU CABUS.

La Société trouve que le chou vulgai‑
rement appellé *chou cabus* ou *capu*, *chou
pommé blanc* ou ordinaire; en latin, *braſſi‑
ca capitata alba*, qui eſt de vertu bechi‑
que & pectorale, peut encore être em
ployé aux fins que nous avons indiquées.

Ce chou eſt aſſez connu pour ne pas
devoir penſer qu'il ſoit néceſſaire d'en
donner une deſcription même ſuccinte.

On doit ſemer la graine de cette plan‑
te (*a*) en Mars, dans de pareilles terres
que celles que nous avons indiquées
pour le *ſiberian boron* & avec les mêmes
précautions. En Septembre ou Octobre
la pomme doit être formée.

Pour éviter que ſa pomme ne s'ouvre,
étant venue à un certain point de ma‑
turité, c'eſt‑à‑dire, lorſque la pomme
eſt bien formée, il faut avoir la précau‑
tion d'arracher le chou à moitié. Quel‑

Proprié‑
té du
chou‑
cabus.

Culture
du chou
cabus.

(*a*) La graine doit être choiſie. Celle de la tige du
milieu de la plante eſt beaucoup plus hâtive & meilleure
que celle des branches qui l'environnent.

que-tems après, vers la Toussaint, on léve ce chou tout-à-fait, nous voulons dire qu'on l'arrache entierement; & après l'avoir dépouillé de ses grandes feuilles, on le dépose dans un endroit uni, en plein air, le long d'un mur exposé au nord ou au couchant.

On le couche sur terre en ligne près à près, la tête tournée vers le nord. Quand la première ligne est finie, on jette un peu de terre sur ses racines, & on recommence un autre rang à la suite, ou les choux sont disposés de manière que leurs têtes touchent aux racines des premiers, & l'on continue toujours ainsi pour les nouvelles lignes qu'on forme ensuite.

Quand les grandes gelées approchent, il faut les couvrir avec de la grande litiere séche & bien secouée, & il faut les découvrir lors des dégels.

L U Z E R N E.

C'est la grande Luzerne qu'on pro-

S iij

pofe ici ; en latin, *medica major.* Il y en a plufieurs efpèces, & fa defcription eft indiquée page 90 du premier Volume de notre Partie du Commerce.

Celle dont les fleurs font violettes eft la plus eftimée & la plus commune.

Culture de la luzerne. Il faut à la luzerne une terre légere & profonde, un peu humide, mais où l'eau ne féjourne point.

Il eft bon de préparer la terre par plufieurs labours afin de la rendre très-meuble, ou d'y répandre du fumier bien confommé quelques mois avant que de la femer. Il faut principalement avoir foin de détruire les mauvaifes herbes qui étouffent cette plante, fi elles croiffent avant elle : & il faut fe garder par cette raifon de la femer dans les terres nouvellement défrichées, parce qu'elle y viendroit difficilement.

Si le terrein eft humide & froid, (*fablonneux-glaifeux*) &c. la luzerne fe feme en *Février* ou en *Mars* ; & s'il eft un peu fec & chaud, (*bonne terre fablonneufe-*

cretacée, &c.) on pourra la semer en Septembre, afin qu'elle ait acquis une certaine force pour résister aux chaleurs de l'été suivant.

La luzerne peut être semée seule, c'est-à-dire, sans mélange d'autre graine, & on peut la semer aussi avec d'autres grains mêlés ensemble, tels que la *vesce*, l'*avoine* ou l'*orge* ; nous ajouterons que cette dernière méthode est très-utile dans les Provinces méridionales, parce que l'avoine sur-tout est d'un grand secours pour préserver la luzerne de l'ardeur du *soleil*.

Si l'avoine qu'on aura soin de semer peu épais, talloit (*) beaucoup & que l'on vit qu'elle pourroit étouffer la luzerne, on la faucheroit en verd pour la donner au bétail.

Lorsqu'on seme la luzerne seule, on y mêle de la cendre ou du sable pour qu'on puisse la distribuer plus uniformement sur le terrein.

____

(*) Doubloit ses tiges & ses racines.

S iv

On employe pour femer la luzerne, la fixiéme partie ou environ du grain néceffaire pour enfemencer la même étendue de terre.

Une luzerniere dans un terrein ordinaire dure huit à neuf ans, & elle fubfifteroit beaucoup plus long-tems, fi on la cultivoit avec foin, & que l'on plantât dans les faifons convenables des pieds, dans les endroits où il peut en manquer.

On peut tranfplanter une luzerne de deux ou trois ans, & même quand elle feroit plus ancienne on le pourroit encore.

La luzerne fe fauche cinq ou fix fois l'année & quelquefois davantage. Cela dépend de la nature du terrein. Elle produit une très-grande quantité de fourage, qui eft très-propre pour engraiffer toute forte de bétail.

SIBERIAN MEDICAGO.

Nous croyons pouvoir appliquer ce nom de *fiberian medicago* à la plante vivace qu'on connoît en France sous le nom de *sainfoin* & de *bourgogne* ; en latin, *medica minor* ; nous l'avons décrit page 91 du premier Vol. de notre Partie du Commerce.

On doit jetter 20 livres de graine de 16 onces par arpent, (*a*) & la semer vers le milieu du mois de Mars, assez drue, dans des terreins un peu humides & parmi de l'*avoine* ; cette précaution est pour empêcher que l'ardeur du soleil ne brûle cette plante dans sa jeunesse : on doit la sarcler de tems en tems, & ne la couper que lorsqu'elle aura fleuri & qu'il fera un beau soleil.

Cette plante dure plusieurs années, il ne s'agit que de la sarcler tous les ans.

On suivra au surplus la culture que nous avons indiquée pour la *luzerne* (*b*).

Culture
du sibe-
rian me-
dicago.

(*a*) Pour la contenance de l'arpent, voyez ci-devant page 150.

(*b*) Voyez ci-devant, page 267.

G U E D E.

Nous penfons connoître cette plante, en lui donnant le nom vulgaire de *paftel véritable* qu'elle a en France ; *ifatis foliis radicalibus crenatis , caulinis integerrimis pone acutis, filiculis oblongis ; glaftum.*

C'eft une plante vivace que nous avons décrite page 159 du premier Vol. du Commerce.

Culture de la Guede. On confeille de femer la graine de cette plante qu'on doit choifir violette, au mois de Février dans les cantons chauds, ou vers celui de Mars dans les cantons froids. On doit la jetter fort drue fur les *coulins* ou coulains, (les terres tirées des fonds des canaux & des foffés) ou fur tous les terreins gras (*bonne terre.*)

Il faut bien ameublir la terre & l'unir avec une *herfe* fine ou ferrée, & recouvrir enfuite la graine avec cette même *herfe* : lorfque la plante commence à lever, il faut la farcler.

GARANCE.

Cette plante de garance appellée en latin, *tinctorum sativa rubia major*, qu'on propose ici, est décrite page 167 du premier Volume de notre Partie du Commerce.

On doit la semer au mois de Mars dans une terre grasse humide, (*bonne terre glaiseuse*,) après lui avoir donné trois ou quatre labours; on jette communément deux boisseaux ou trente-deux litrons de graine par arpent (*a*). La semaille finie, il faut herser la terre, & lorsque la plante est levée, il faut la sarcler.

On ne doit pas du tout s'attacher à la culture de la racine de la plante, cela seroit inutile pour l'objet auquel on la destine ordinairement (*à la teinture*;) chaque année on lui laisse repousser de nouvelles feuilles en faisant passer la herse dessus, dans l'automne.

Culture de la garance.

(*a*) Voyez ci devant page 146 & 150 la contenance de ces mesures.

FROMENT, ORGE (a) ET SEIGLE.

Ces plantes ont été décrites pages 27 & 30 du premier Volume de notre Partie du Commerce, & elles sont connues de tout le monde.

On doit les semer dans l'automne & extrêmement drues, dans les terres qu'on reconnoît leur être propres ; sçavoir, le froment & l'orge dans les terres grasses, (*bonnes terres*,) & le seigle dans les *terres légeres*, (*sablonneuses, crayeuses, &c.*)

Telles sont les plantes que la SOCIÉTÉ ROYALE DE LONDRES propose pour être employées par les Cultivateurs à produire des fourrages verds & frais dans l'hyver pour les bestiaux.

(a) *Escourgeon, soucrion, scorion*, &c.

OBSERVATIONS

De la Société Royale de Londres, sur les fourrages des plantes végétables pendant l'hyver, que nous venons d'indiquer.

La Société suppose que lorsque les racines des plantes appellées *naveis*, *carottes*, *panais*, &c. seront parvenues à la grosseur des trois quarts de ce qu'elles doivent être, on pourra couper leurs feuillages (*a*) ou leurs pointes, aussi loin que le verd s'étendra, & qu'en laissant les racines dans la terre sans les endommager, il pourra en sortir une seconde pointe ou feuillage aussi grande que la première, qui, coupée comme auparavant, en laissera probablement pousser une troisiéme & peut-être une quatriéme avant les *gelées*.

Fourrages pour Octo. & Nov.

(*a*) Quoique ces parties de plantes ne soient pas spécifiquement des herbes de fourrages, la Société observe qu'elles peuvent être cependant considérées comme un pâturage de ce genre.

Lorsqu'on verra l'impuissance qu'aura la racine de produire de nouvelles feuilles, on l'arrachera & on la donnera aux *chevaux* & aux *cochons*.

On penfe que ces feuillages pourront nourrir les beftiaux pendant les mois d'*Octobre* & de *Novembre.*

premiers foutra-ges pour Décem. Janv. & Février.

Les racines de ces plantes arrachées & difpofées dans des ferres, étant coupées par tranches, pendant les mois de *Décembre*, *Janvier* & *Février*, pourront nourrir les *chevaux* & les *cochons* (a).

Idem. Mars, Avril & Mai.

Les racines de ces plantes qu'on aura confervées, étant replantées, leurs feuillages pourront fervir pour *Mars*, *Avril* & *Mai.*

Idem. Nov. & Déc.

Cependant la Société croyant n'avoir pas fuffifamment indiqué les quantités des plantes propres à être employées en fourrages verds & frais, elle propofe encore pour la fin du mois d'*Octobre* le *perfil.* Ses feuilles fourniront un fourrage pour *Novembre* & *Décembre* fi les *gelées* ne font pas fortes.

Elle juge que cette plante doit fournir des feuilles fuffifamment dans l'efpace de

______

(a) On obferve de ne s'en pas fervir pour l'ufage de la *cuifine*; en effet elles feroient trop dures.

trois mois pour pouvoir être coupées à la fin de cette époque, c'eft-à-dire, qu'en la femant en *Août*, on peut avoir un pâturage pour la fin d'*Octobre* fuivant, s'il n'arrive pas de *gelées* fortes.

Pour les mois de *Janvier* & de *Février*, la Société croit pouvoir conseiller les feuilles des *choux gelifs*, du *fiberian borion*, du *chou cabus*, & de la *rave fauvage*.

Seconds fourrages pour Janr. & Février.

Pour les mois de *Mars* & d'*Avril* la plante de *pimprenelle*, les *yvraie*, les *bettes-raves*, les *raves*, la *guede*, la *garance*, l'herbe de *froment*, d'*orge* & de *feigle*.

Idem. Mars & Avril.

Et enfin pour le mois de *Mai*, la *garance*, le *fiberian medicago* & la *luzerne*.

Idem. Mai.

1°. On conseille d'essayer & d'expérimenter combien on peut faire de récoltes des feuillages des *navets*, des *carottes* & autres plantes à racines charnues dont nous avons parlé, & de déterminer la quantité de livres de ces fourrages que chaque espéce de bétail confomme par jour, ainsi que la forte de fourrage qu'ils mangeront par préférence.

2°. On demande encore d'expérimenter authentiquement, si les terreins & les méthodes de cultiver, indiqués pour la culture de chacune des plantes que nous avons décrites, sont effectivement les plus convenables ; enfin, si le tems ou les mois fixés pour employer les herbages de ces plantes, sont bien les tems propres, & si ces herbages auront acquis à ces époques, la force & la vertu nécessaire pour pouvoir servir de nourritures fructueuses aux bestiaux.

3°. La Société propose qu'on fasse des observations exactes sur les accroissements intermédiaires de ces plantes relativement à chaque mois qui leur est assigné, en faisant attention de suivre la latitude & le climat du lieu où on les aura plantées ou semées.

ESSAI

ESSAI

SUR L'UTILITÉ DE LA PLANTATION

DES PINS SAUVAGES,

ET

Moyens de mettre par ces plantations les endroits secs & stériles en valeur.

TEL est le titre d'un Mémoire composé par M. DE LA ROUVIERE, *Directeur de l'Academie de Beziers.* Nous allons en donner l'extrait.

Un de ces arbres utiles, & dont la plantation est encore assez négligée en France, quoique peu dispendieuse, est, *dit l'Auteur*, l'arbre du *Pin sauvage*, appellé vulgairement en *Bretagne*, *Prusse*, & ailleurs, *Pinade*.

Cet arbre se nomme en Latin, *Pinus sativus osficulis duris*, *foliis longis :* outre ses vertus médicinales, il fournit les matieres premieres d'un grand commerce, pendant qu'il végéte, & il peut encore être employé aux conſtructions & agrêts des vaiſſeaux, ainſi qu'à celles des maiſons &c., après qu'il a acquis un certain dégré de vétuſté, & par conſéquent de maturité : c'eſt ſous ces deux dernieres propriétés que nous le conſidérons ici.

On ſçait que cet arbre ſympathiſe avec tous les climats, qu'il croît dans les endroits même les plus ſtériles, qu'il y vient fort haut & très-droit. Il eſt utile aux marchands & aux artiſans, en ce qu'il porte réguliérement chaque année deux ſortes de reſine ; l'une appellée *reſine cône* ou *naturelle*, parce qu'elle ſort naturellement de l'arbre ; & l'autre *reſine de pin* ou *artificielle*, parce qu'elle en ſort par inciſion.

On peut former de cette reſine le *galipot* ou cet *encens* appellé *madré* que les Ciriers employent.

On peut tirer auſſi la *poix de Bourgogne* ſi utile aux *Cordonniers*, & la *poix noire*, le *tare*, & le *goudron*, denrée propre pour calfater les vaiſſeaux, &c.

On en tire également l'*huile de cade*, le *noir de fumée*, la *thérébentine* & la *colophane*, qui ſont très-útiles aux IMPRIMEURS, GRAVEURS, PEINTRES, MUSICIENS ou JOUEURS D'INSTRUMENTS A BOYAUX, &c. (a).

L'*Auteur* ajoute qu'on en tire encore des *lates* qui ſont très-propres pour le feu & pour éclairer la nuit, & dont on peut même faire des *échalats* pour les *vignes*.

Ce ne ſont pas là ſes ſeules propriétés ; l'*Auteur* jugeant de cet *arbre* par ſa nature preſque incorruptible, 'il le dit propre à former des *pilotis* ſolides.

On peut même encore en employer les planches dans des ouvrages de MENUISERIE, de MARQUETERIE & de CHARPENTE ; elles peuvent ſervir encore aux EBENISTES, aux SCULPTEURS, aux TOUR-

---

(a) Quelques perſonnes préſument que, dans les pays froids, on n'en peut tirer ces productions.

T ij

NEURS, aux CHARONS & autres ouvriers en bois (*a*).

Ses fruits, appellés *pommes de pin* ou *pignes*, produifent des *pepins* appellés *pignons*, qui donnent une huile agréable pour l'ufage qu'on en peut faire, foit dans les cuifines, foit ailleurs ; le fuc de ces graines s'employe encore en DRAGÉES, en REMEDES ; on les mange crues toutes naturelles, ou en guife d'AMANDES : elles font très-faines pour les poitrines délicates.

L'*Auteur* ajoute que, quand on ne re-

____

(*a*) Il eft obfervé à ce fujet, par bien des auteurs, & d'après l'expérience, difent-ils, que, pour les deftiner à ces fortes d'emplois, il faut avoir attention de n'employer que ceux qui auront été coupés dans le *décours de la lune* (*), parce que, fi on les coupoit dans d'autres ter s, on rifqueroit de refaire les planchers & autres objets qu'on auroit formés au bout de quatre ou cinq ans. La raifon qu'ils en donnent, eft que ce bois fe verrouleroit, c'eft-à-dire, qu'il fe trouveroit rempli de vers qui s'y engendreroient, & qui le mangeroient.

(*) Nous ne pouvons adopter cette idée de l'influence de la *Lune*. Nous avons établi, page 176 du premier volume de notre partie d'*Agriculture*, comme un principe certain, que les *planettes* telles que la *lune*, les *étoiles*, &c. n'influent en rien fur les végétaux.

garderoit point ce bois comme propre à tout ce qu'on vient de dire , & quand on ne l'employeroit feulement qu'en *charbons* ou en *bois à brûler* , il feroit toujours très-utile. Il confeille donc de s'attacher à la plantation de cet arbre, qu'il regarde avec raifon, comme une plantation précieufe.

On mettroit à profit, par ces plantations , *dit il* , toutes les terres incultes dont on ne peut rien tirer, & l'on fe verroit bientôt en état de jouir d'une infinité d'avantages bien différents encore de ceux dont il n'a tracé qu'une légére ébauche.

T iij

DESCRIPTION

D'UNE ESPÉCE DE CHENILLE

QU'ON PEUT APPELLER

VERS A SOYE DE PINS (*a*).

ET

E s s a i fur les avantages qui pourroient réfulter de l'EDUCATION de cet infecte, avec un PROJET pour récolter & préparer la SOYE.

CE Mémoire eft encore de M. DE LA ROUVIERE (*b*), *Auteur du précédent*, & l'on voit, par fon feul titre, combien l'objet eft intéreffant.

La plûpart des *chenilles* connues, ont paru jufqu'ici, comme le penfe fort bien

---

(*a*) Cet infecte produit de la foye, & habite des pins fauvages, appellés vulgairement dans bien des pays, *Pruffe*, *Pinades* &c.

(*b*) Nous venons de rendre compte de fon premier Mémoire ci-devant page 279.

M. DE LA ROUVIERE, très - malfaisan-
tes, parce que l'on n'a pas encore reconnu les propriétés de ces infectes.

Cependant il eſt une CHENILLE, *pour-*
ſuit l'Auteur, qu'on devroit nommer *che-*
nille de pin ; elle a été miſe au rang des
infectes proceſſionnaires par M. DE REAU-
MUR (*a*) ; elle naît aux environs de *Far-*

(*a*) L'Auteur penſe que cette *chenille* eſt de l'eſpéce
dont il eſt parlé dans les *Commentaires de* MATHIOLE
ſur DISCORIDES, au mot *pinorum erucæ vel piceæ* (CHE-
NILLE DE PIN, *ou d'arbre d'où découle la* POIX :) en
Grec, *pytiocampæ*. PLINE en parle encore en deux endroits, en la regardant non-ſeulement comme infecte
faiſant de la *ſoye* ; mais encore comme infecte propre
à la *médecine* (*).
   Cette eſpéce de *chenille* habite, ſuivant DISCORIDES,
les vallées d'*Ananie* & de *Flemme* près la ville de *Trente*
en Allemagne. Les ſols de ce pays ſont remplis de *pins*.
   Comme l'*Auteur* a obſervé, étant dans le pays de
Gex, que ces chenilles ne ſe multiplient que de proche en proche, qu'il ſe trouve ſouvent des quantités
de pins voiſins de ceux où il y en a, &, à une étendue
même aſſez longue, des pins qui n'en ont point du tout,
& qu'on en retrouve enſuite, l'*Auteur* conclud que
peut-être ces ſortes de *chenilles* ne deviennent jamais
papillons, & qu'elles peuvent reſſembler à celles dont
il eſt parlé dans *le Spectacle de la nature*, Tome I.
page 55.

(*) Voyez la note ci-après page 291.

ges dans le pays de *Gex* (en *Franche-Comté*,) entre le *mont-Jura* & la *Suisse*.

Elle reſſemble aux autres chenilles connues ; elle eſt velue, compoſée de pluſieurs anneaux qui s'éloignent & ſe rapprochent les uns des autres, & portent, par leur mouvement, le corps de cet inſecte où il a beſoin d'aller. Sa couleur eſt rouſſâtre, ſa longueur eſt d'environ quinze lignes, & ſon épaiſſeur a une proportion analogue.

Cet inſecte vit ſur *les pins ſauvages* dont nous avons parlé ci-devant, & ne ſort pas de cette eſpéce d'arbre ; il fait ſon cocon à leur ſommet & de façon qu'il n'eſt pas à craindre que cet inſecte puiſſe nuire à d'autres plantes.

Ce cocon eſt à peu près de la groſſeur d'un *melon* ordinaire, & étant filé & préparé comme la ſoye du *ver* qui la produit ordinairement, il donne une belle & bonne ſoye. Cette ſoye eſt très-forte & d'un blanc argenté, ſur-tout lorſqu'on a eu le ſoin de la ramaſſer avant les *neiges*,

parce qu'elle fe falit un peu pendant l'hiver ; mais il pourra fe rencontrer de la
difficulté à détacher ces cocons de l'arbre , attendu qu'ils entourent & ferrent
fort étroitement une branche droite , &
parfaitement femblable à une *quenouille à*
filer.

En outre , il y a au centre du cocon
une efpéce de *fac* rempli de petits bou-
tons, qui fert aux *chenilles* de nourriture
en hiver , peut-être même encore de matieres propres pour leur ouvrage , & de
nid pendant l'été.

Ces chenilles prennent naiffance dans
le fac dont on a parlé ; elles y reftent en-
fermées, jufqu'à ce qu'elles foient parvenues à leur parfait accroiffement. Alors
elles percent le fac , & elles fortent en
file , à la queue l'une de l'autre , pour
aller occuper un *pin* voifin de celui fur
lequel elles ont pris naiffance.

Un grand nombre de ces infectes fe
joint enfemble , & travaille à un même
cocon , depuis le printems jufqu'à l'entrée

de l'hiver, & même quelque tems après les premieres *neiges.* De-là, l'*Auteur* conclud que ces *chenilles* peuvent filer de la *foye*, pendant toute l'année, dans les provinces méridionales du Royaume, telles que celles de *Provence*, de *Bas-Languedoc* & de *Rouffillon.*

Après la defcription des arbres de *pin*, fur lefquels ces chenilles fe trouvent, l'*Auteur* fait un court examen des reffources que cette nouvelle production fourniroit en France, fur - tout dans les provinces que nous venons d'indiquer : elles fuppléeroient, *dit-il*, aux foyes étrangeres, & elles augmenteroient les nationales : on tireroit, avec peu de frais & fans culture, un profit d'un terrein inculte & à charge, d'un terrein enfin, où même des mûriers ne réuffiroient pas pour nourrir des *vers à foye* ordinaires.

L'*Auteur* obferve maintenant qu'il ne feroit peut-être pas trop aifé d'avoir des propagations fructueufes de ces infectes fous des climats différents de ceux où on les trouve ; en conféquence, il confeille avec prudence l'*effai*. Il propofe même, pour cet effet, qu'on tranfporte à *Paris* ou ailleurs, une des branches d'un *pin*, fur lequel il fe trouvera des *œufs* de ces infectes dans le *nid*, & qu'on les faffe éclore dans cette Capitale, foit naturellement, foit artiftement. Il laiffe néanmoins ceci à décider aux Naturaliftes.

Enfuite il paffe à la maniere qu'il croit la plus convenable, pour enlever les cocons des branches qui en font environnées.

L'*Auteur* penfe qu'en coupant la branche qui traverfe le cocon, on pourroit aifément fe fervir de ces *quenouilles* naturelles pour en extraire la *foye*, fans détériorer l'arbre, dont la branche ne manqueroit pas de repouffer l'année d'après ; mais, comme il prévoit qu'on peut trouver quelqu'autre expédient plus commode & plus facile pour enlever ces cocons de la branche, étant encore à l'arbre, il engage les Artiftes à trouver des moyens plus fûrs & plus courts pour cette opération.

Il abandonne encore aux Artiftes la découverte des moyens de tirer cette foye des cocons, & de la dévider auffi aifément que celle des *vers* connus fous le nom de *vers à foye.*

L'Auteur obferve enfuite qu'auprès de *Farges, pays de Gex,* dont nous avons parlé, on a fait, il y a quelques années, de très-bons *bas* de la *foye* de ces infectes, fans que cette *foye* ait été décreufée ni dévidée; mais elle a feulement été arrachée avec la main, & filée à l'ordinaire; ce qui l'engage à croire que ces foyes étant filées à la *quenouille* & au *rouet*, (en fuppofant que les tours ordinaires & employés pour la foye vulgaire, ne puffent pas être mis en ufage pour dévider également cette foye du coçon comme la derniere, ce qu'il ne préfume pas,) on en tireroit un grand parti *(a).*

____

(*a*) *L'Académie de Beziers,* à l'affemblée de laquelle

le *Mémoire* ci - deffus a été lu le 25 Août 1761 , an-
nonce qu'il a été trouvé dans le *pays de Foix* , province
de *Rouffillon* , de ces fortes de cocons fur les pins indiqués , & que , quoique la *foye* en ait été fort fale , par
rapport à fa vétufté , il a paru qu'on en pourroit tirer
un grand parti : à plus forte raifon , fi , à des époques
convenables , on en faifoit la récolte. C'eft ce à quoi
on invite les citoyens à s'attacher.

Il ne nous refte qu'à prévenir les perfonnes qui fe
trouveront portées à faire des obfervations fur l'utilité
& les manieres de récolter , de préparer & d'employer
les *foyes* de ces infectes , qu'il paroit que leurs piquures
font venimeufes , puifque les Anciens fe fervoient d'un
reméde propre à cet effet : c'étoit , fuivant PLINE , du
vin cuit à l'évaporation des $\frac{2}{3}$, qu'on appelloit en Latin , *fapa.* On pourra expérimenter , à tout événe-
ment , fi ce reméde eft auffi efficace que les Anciens
l'affurent , & par-là obvier à ces dangereufes piquures ,
(*s'il eft vrai qu'elles le foient.*) PLINE , *tome 2. page 236.
Chapitre 2. Livre XXIII. ligne 44. traduction en François
de 1581. à Lyon.*

Il y a plus ; fi ces infectes font venimeux , leur préparation eft très-propre à guérir des *gratelles* , *de la galle* , *des dar-
res, des éréfipeles ; à faire mûrir les ulcéres* , &c. PLINE *édition
fufdite , page 460. ligne 30.*

ESSAI
SUR UNE CULTURE
QUI PAROIT CONVENABLE
A L'ARBRE APPELLÉ PIN.

D'APRÈS ce que nous venons de rapporter concernant l'utilité de la plantation des *pins*, il est à propos que nous donnions maintenant l'*essai d'une culture* qui paroît favorable à ces sortes d'arbres.

Les pins sont de deux sortes ; les *domestiques* ou les *francs*, & les *sauvages*.

Ces derniers sont de deux espèces qui ne diffèrent des premiers qu'en ce que les francs sont cultivés, & que les autres ne le sont point ; & aussi en ce que les derniers ont leurs hauteurs, feuilles & fruits plus petits que ceux de la première sorte (*a*).

______

(*a*) Quelques-uns prétendent que le bois du *pin franc* est supérieur en bonté & en résistance à celui des *sauvages*.

La graine de ces arbres, appellée *pignon*, doit être, à ce qu'on pense, semée tout au plutôt, parce qu'il faut du tems pour pourrir l'étui qui la renferme.

Le terrein sabloneux & les terres douces, légéres, maigres & pierreuses semblent être convenables à la semaille de la graine.

Lorsqu'on semera la graine dans un terrein en friche, c'est-à-dire, en *landes*, en *hermes*, &c. ou qui ne rapporte que des herbes bonnes ou mauvaises, il suffira de faire faire des trous à quinze pouces de distance ou environ l'un de l'autre ; ces trous auront dix-huit pouces en quarré : on mettra trois ou quatre graines dans chaque trou, afin que, si l'une manque, l'autre réussisse.

Mais, lorsqu'on ne voudra point semer en faisant des trous, parce que le terrein sera fertile en *joncs marins*, en *gênets* &c, il faudra *essarter le terrein*, c'est-à-dire, arracher les racines des joncs marins, des ronces ou mauvaises herbes qui y croîtront, le labourer & y femer enfuite là graine fort clairement ; enfin, de la même maniere qu'on feme les *pois*. On fera paffer la *herfe* fur le terrein femé, pour couvrir la graine, de terre.

L'arbre étant élevé à une certaine hauteur, & dans le cas d'être étouffé par les herbes qui peuvent s'accroître comme lui & l'environner, on aura foin de faire farcler le terrein, mais que ce foit légérement, pour ne pas éventer ou donner trop d'air à la racine du plan. Il faut, pour cette opération, bien prendre ces fortes de précautions, & le tems & la faifon, dans la crainte de faire périr ce plan.

On n'émondera les pins que lorfqu'ils auront acquis une certaine élévation, force & confiftance (*a*) ; cette fituation dépend fans doute de la nature du terrein & de fon expofition : trois ans dans certains fols, leur donnent fouvent plus de

----

(*a*) Quelques-uns ne les émondent jamais, les branches inférieures fe rompant d'elles-mêmes.

vigueur

vigueur que dix en d'autres ; mais, régle générale, on estime que lorsque le plan aura acquis la consistance & la grosseur du petit doigt ou environ, on peut alors, s'il est épais ou trop drû, *éclairer* la *plantation*, c'est-à-dire, couper les plans mal venants (*les rabougris ou les courbés.*)

Lorsque ces arbres auront acquis une certaine élévation, & qu'il s'agira de les émonder ou ébrancher, on aura attention de couper les branches à un pouce de distance de la tige mere ; autrement l'*Auteur ajoute* qu'ils souffriroient considérablement, ou qu'il en périroit beaucoup.

On doit exclure l'entrée des bestiaux dans les pinatas, (*pepinieres de pins ;*) car, autant de plans broutés, autant de plans de perdus.

Les lapins nuisent également à ces sortes de plans ; il faut nécessairement les en garantir, soit par les destructions de ces animaux, soit par les obstacles qu'on peut apporter pour leur en défendre l'entrée (*a*).

La tranfplantation des *pins*, fur-tout de ceux qui feront plantés dans des terreins fabloneux, eft profcrite, par la raifon que la racine de ces arbres, ne peut fupporter l'*air*.

L'AUTEUR finit enfin cet effai, en indiquant maintenant la culture du *pin fauvage*, lorfqu'on le deftine uniquement & directement à former des *échalats*.

Il propofe de femer la graine de cet arbre fort épais ou fort dru ; le plan ainfi levé de cette femence, étouffe l'herbe qui pourroit s'accroître, &, au bout de cinq ou fix ans, fi le terrein eft propre à cette production, » on doit, *dit-il*, le » couper pour faire des *échalats :* ils font » d'un affez bon ufage.

En général, l'arbre de *pin* étant coupé

(*a*) Ces animaux font très-friands de ce bois de *pin* ; & ils le détruifent dans fa naiffance. D'un autre côté, celui qui en a mangé, ne vaut rien, il fent la *réfine*.

au pied, ne repouſſe jamais ; mais il ſe
reſeme de lui-même dans les bois qui en
ſont garnis ; les pommes ou les pignes qui
contiennent la ſemence , s'entrouvrant
facilement lorſqu'elles ſont mûres , la
graine ou la ſemence en tombe d'elle-
même , & le vent la porte çà & là à ſon
gré.

NOUVELLE METHODE

POUR PRE'SERVER

LES FROMENTS DE LA CARIE.

LEs pratiques les plus simples étant les seules qu'il convienne de proposer aux *laboureurs*, nous croyons devoir rendre compte d'une méthode usitée depuis long-tems & avec succès dans le pays du *Maine*, pour préserver le froment de la maladie appellée *carie, nielle, bled noirci* (a) ou *noir, bruine, brourure, bosse, foudre, charbon, rouille, clocque* &c.

______

(a) La plûpart de ces noms sont donnés proprement & improprement aux grains de bled qui se trouvent avoir une poussiere noire & visqueuse intérieurement au lieu de farine, ou à ceux qui ont de cette poussiere attachée à leur pelure, lorsqu'ils sont dans leur balle, laquelle ne peut s'enlever facilement d'au-dessus d'elle. Mais nous ne pouvons pas, dans cette partie, relever la fausse application de ces noms vulgaires, nous renvoyons à notre partie d'*Agriculture*, où nous traitons *des maladies des plantes.*

Les récoltes abondantes de grains qui n'étoient point attaqués d'aucunes maladies, que retiroit réguliérement chaque année un *laboureur Manceau*, & en même-tems le débouché fructueux qu'il en faisoit, ont donné lieu de penser à quelques-uns de ses compatriotes, qu'il étoit *magicien.*

Le myſtére a été enfin dévoilé, & tout le secret de ce payſan, ne conſiſtoit qu'à tirer des tas de bleds, dès le moment même qu'il les avoit battus en été, dans une aire en plein champ, la quantité de semence qu'il vouloit réserver. Il *chauſſumoit* auſſi-tôt ces semences, comme s'il vouloit semer ces graines le lendemain, c'eſt-à-dire, qu'il arroſoit le bled avec du *lait de chaux* (a) qui étoit éteinte ou qui avoit fait tout son effet & qui étoit bien

____

(a) Pour chaque muid de Paris (*) de ſémences, on employe communément un *boiſſeau* & demi de *chaux* comblé, c'eſt-à-dire, ſans être raclé.

(*) Nous avons indiqué la contenance de cette meſure, page 146 précédente.

V iij

délayée; il portoit enſuite ces grains dans ſon grenier, & les retournoit tous les jours juſqu'au tems des ſemailles, tandis que l'uſage du pays & de la plus grande partie du Royaume, eſt de ne chauſſumer le bled que la veille ou la ſurveille de ces ſemailles.

Cette méthode peut être ſuivie dans différents pays, & elle pourra y être également efficace ; mais nous obſervons qu'elle eſt ſujette à de grands embarras, & que, d'ailleurs, dans les pays où l'on eſt en uſage de dépiquer ou de battre les bleds au centre de l'hiver, on ne pourra pas facilement l'exécuter.

E S S A I

SUR LA PRÉFÉRENCE QU'ON DOIT DONNER

AU FUMIER DE CORNES, &c.

SUR LE FUMIER ORDINAIRE,

E T

Propriétés de ce fumier, pour contribuer à la préservation de la maladie des bleds, appellée la CARIE *ou la* CLOCQUE *, &c.*

LEs fumiers qui n'ont pas acquis les dégrés de putréfaction néceſſaires, & qui ſont dépoſés en cet état ſur les terres ou ſur les ſols, donnent lieu à la production de différents inſectes qui rongent les tiges naiſſantes des grains ; ils donnent lieu en même-tems aux différentes maladies auxquelles les grains de froment ſont aſſujettis.

En effet, d'après les expériences réïtérées & confirmées récemment dans le pays du *Maine*, ce qui ſe trouve d'ac-

cord avec le fentiment de M. DUPLES-
SIS (*a*), il eft conftaté que certains fumiers opérent cet effet pendant quelques
années.

» Les fumiers trop gras, *dit l'AUTEUR*
» ESTIMABLE *du Mémoire que nous rap-*
» *portons*, occafionnent la carie des bleds;
» & les fumiers fecs & chauds, au con-
» traire, tels que celui de *pigeons*, de
» *moutons*, n'ont pas le même défaut.

On a divifé dernierement dans le pays
du *Maine*, pendant deux années confé-
cutives, une piéce de terre de deux journaux, qui fe trouvoit très-affujettie à produire du bled carié. Un journal de cette
terre a été engraiffé avec des déchets de
vieux os, de *poils* ou de *bourre*, *de rognu-
res de cornes* (*b*) &c., & l'autre le fut avec

(*a*) *Ancien Lieutenant aux Gardes Françoifes :* voyez
fon Mémoire fur la carie des bleds, rapporté dans le
premier volume du Recueil des délibérations de la *Société d'Agriculture de Paris*.

(*b*) Il eft facile de fe pourvoir de ces matiéres auprès
des artifans dont les arts en procurent, & on doit choifir par préférence celle de *cornes de bœufs*, *de vaches* &c.

des *fumiers ordinaires* ; ils furent l'un &
l'autre enfemencés enfemble,de *froment.*

La premiere année, l'arpent de terre,
enfemencé & fumé avec les engrais ordinaires , produifit beaucoup de *froment*
carié ; mais la feconde année , cette production le fut un peu moins.

Au contraire, la premiere & la feconde année, l'ar pentde terre enfemencé &
engraiffé avec les engrais chauds , fut
très-fain , & la récolte fut même beaucoup plus abondante que celle du premier arpent.

La *corne*, il eft vrai , ainfi que l'obferve
fort juftement l'AUTEUR de ce Mémoire ,
eft un engrais des plus brûlants , & ne
convient abfolument pas aux terres féches & arides. Une grande quantité mife
au pied d'une plante ligneufe ou herba-
cée, la feroit périr infailliblement ; mais,
lorfque cet engrais eft employé à propos
& en quantité fuffifante, c'eft un de ceux
dont les fels ont la plus grande faculté
pour effectuer en général & parfaitement,

la végétation des plantes : ſur-tout dans les *terres froides*, les *ſabloneuſes & les humides*, (*glaiſeuſes.*)

On ne doit répandre les *cornes* ſur les terres, que quand elles ſont bien ſéchées. Après avoir été couvertes par les opérations de la charrue légére (*binot*), l'humidité les fait fermenter & les fait diſſoudre, ou bien elle les fait fondre, au point qu'elles deviennent collantes & viſqueuſes ou gluantes.

Ce n'étoit pas aſſez à l'Auteur de rendre compte de ſon expérience, il expoſe encore l'avantage qui réſulte de l'emploi de la *corne* &c. par préférence à celui du *fumier ordinaire*.

» Le *journal* de terre, *dit-il*, engraiſſé
» avec de la corne, n'a conſommé que
» quarante *boiſſeaux* de cette matiere (a),
» qui n'ont coûté que huit ſols le *boiſſeau*,
» & le *journal* par conſéquent 16 l., tan-

(a) Voyez ci-après la réduction de la meſure des grains, & du journal de terre du Mans à celui de Paris.

» dis que le *journal* engraissé avec le *fu-*
» *mier ordinaire*, a consommé cinq *char-*
» *ges* de charrettes au prix de 10 liv.; ce
» qui revient à 50 liv.

Les charges pesent 3 milliers, poids de marc, chaque.

De-là il conclud qu'il a un bénéfice de 34 l. en préférant l'engrais avec les *cornes* &c.; mais nous observons qu'il n'est pas toujours aussi aisé de se procurer de ce dernier engrais que de l'autre; & que, d'ailleurs, en le supposant facile, les débouchés ouverts de ces matieres, étant plus étendus & plus assurés aux artisans qui les recueillent, il n'est pas douteux que le prix en augmentera proportionnément aux demandes qui en seront faites.

E S S A I

Sur l'utilité des enclos des TERRES *, fur les moyens de les conftruire utilement, & de les conferver en bon état.*

DEPUIS que les propriétaires des terres en *Irlande*, ont reconnu l'utilité que l'on trouve à les enclore, & qu'ils en ont fait pour ainfi dire une loi à leurs fermiers, il a femblé qu'en France, où cet ufage n'a lieu que dans quelques provinces, on pourroit en retirer de très-grands avantages, s'il y étoit généralement fuivi.

Les *Sociétés Royales d'Agriculture* de *Paris* & de *Lyon* (*a*), ont cru, pour y parvenir fructueufement, qu'il étoit indif-

____

(*a*) Voyez le premier recueil de la Société Royale de *Paris*, premier Mémoire intitulé, *Queftions générales fur l'Agriculture*, art. 17 ; & un Mémoire de la Société de *Lyon*, intitulé pareillement, *Queftions* &c.

penfable de fçavoir, auparavant que de recommander une plus grande quantité de ces conftruétions, fi, *en certains cantons, on creufoit des foffés, & fi l'on plantoit des hayes ; fi ces hayes étoient bordées d'arbres fruitiers, de chênes émondables & autres, quelle culture exigeoient les hayes ; fi elles étoient toujours avantageufes, & ne nuifoient pas par leur ombre & par leurs racines, & enfin fi la pratique des foffés n'étoit pas préférable aux hayes pour la clôture des champs ?*

Voici quelques réflexions que nous fommes chargés de préfenter à ce fujet.

Il faut diftinguer, *difent plufieurs citoyens eftimables* (a), trois fortes de *clôtures.*

La premiere forte eft celle des *foffés* ou canaux.

La feconde eft celle des *murailles* (b).

(a) Ce font des perfonnes de province, zélées pour les progrès de l'*Agriculture.*

(b) C'eft une certaine élévation en *terres* ou en pierres.

(On employe celle-ci, lorfque le terrein fera fi ingrat, qu'il ne permettra ni qu'on y creufe un foffé, ni qu'on y plante aucune haye.)

La troifieme, enfin, eft celle des *hayes.*

Elle eft en ufage lorfqu'il n'eft point permis aux propriétaires de creufer un foffé, foit par les trop grandes pertes du terrein qui en réfulteroient, foit parce que celui qui a un champ limitrophe, fouffriroit des plantations qui pourroient fe faire fur le bord du foffé qui eft de fon côté, ou lorfqu'on ne pourra également point placer de haye du côté de fon terrein.

On diftingue, parmi les *foffés* ou *canaux*, ceux qui font à fec, & ceux qui font remplis d'*eaux*, foit complantés ou non complantés de bois vif ou mort, fur l'une ou l'autre de leurs rives.

Parmi les *foffés-murailles*, on diftingue ceux qui font à *nud*, c'eft-à-dire, *fans plantation d'arbres* &c., foit en *terre pure* ou fimplement *gazonnée*, foit en *maçon-*

nerie plus ou moins folide, avec & parmi les *hayes vives* & les *hayes mortes*.

La premiere clôture eft plus ou moins commode pour mettre à l'abri les plantes des incurfions des beftiaux, qui fe trou · veront au dehors. On eftime que ces foffés, dont les rives font élevées du côté du champ qu'on veut enclore, & qui ont la largeur, la profondeur & le talus convenables, foient les plus capables de parer à ces inconvéniens.

La feconde & la troifieme forte de conftructions, ne le cédent quelquefois en rien à la premiere, pour l'avantage & l'utilité. Le couvert & les abris que les hayes produifent, garantiffent les plantes femées dans le champ enclos, de la rigueur des faifons, & facilitent les terres à recevoir & conferver les dégrés de chaleur qui accélérent l'accroiffement des plantes, & qui les rendent fructueufes, en bonifiant en même-tems leurs fruits, & en doublant la récolte de ces productions.

Si ces hayes font plantées en *chênes*,

en *ormeaux*, en *frênes*, en *noisetiers* &c. ; pourvu que leur peu d'élévation & leur peu de distance ne nuisent pas aux semences qui les approchent ou environnent (*a*) , ces hayes ou cette liziére devient , pour le propriétaire des terres, une ressource infinie dans ses besoins.

Enfin les *paysans* ne sont pas obligés d'occuper tant de gens à garder leurs bestiaux , & il n'y a aucun procès à essuyer pour de prétendus dommages, occasionnés par les incursions des animaux.

Mais ces clôtures, *dit-on*, sont sujettes à des dépérissements.

La multitude de *chevres* qui, depuis vingt ans , se sont prodigieusement multipliées dans la plus grande partie de certaines provinces, dévorent sans cesse les plants naissants qui forment les clôtures.

***

Premier motif des dépérissements des clôtures en hayes vives.

(*a*) Voyez notre *premier volume d'Agriculture*, p. 320 , à la note ; nous commençons à y donner quelques raisons sur les désavantages qu'occasionnent ces clôtures, ces plantations ou ces hayes, ces fossés élevés.

Les

Les autres animaux, tels que les *bœufs*, les *vaches*, les *chevaux*, les *ânes* & les *moutons*, font des exfoliations & des ruptures aux fommets des tiges qui font auffi nuifibles à la reproduction des arbres, que le font celles que font les dents des *chèvres* (*a*).

La playe que ces morfures forment, eft d'autant plus dangereufe à l'accroiffement de la plante ligneufe, qu'en la broutant, le corps de l'arbre eft forcé de rapprocher & de comprimer fes tuyaux tendres & flexibles, & la féve refte en *ftagnation* ou en amas, c'eft-à-dire, qu'elle croupit dans l'endroit de la bleffure. Il en réfulte un *ganglion* (*b*) qui s'oppofe à l'allongement de fa fibre & à la circulation ou mouvement de fon fuc nourricier.

(*a*) *Plantis enim omnibus capra, non vulnere tantum, fed etiam veneno dentium pftii, ra eft.* Les dents des chèvres n'occafionnent pas feulement les maux qui réfultent des morfures, mais encore il fe trouve qu'il fe lance à cet endroit, un *venin* fur toutes les plantes qui en font rongées.

(*b*) *Tumeur* ou groffeur.

L'arbriffeau, en cet état, fe rabougrit & languit, en attendant qu'on le recepe ou qu'on le recoupe; opération bien difficile à exécuter, à caufe du grand détail dans lequel elle engage d'entrer.

L'autorité de MM. les Intendants & Commissaires départis dans les provinces, & l'exécution des arrêts & réglements rendus à ce fujet, pourroient remédier à ces dégats (*a*), mais en tolérant

Remédes aux premiers dépériffe-ments des clotures de hayes vives.

(*b*) On a exécuté pendant long-tems ces arrêts en *Provence* & en *Languedoc* : on ignore quel eft le motif de la difcontinuation : on n'exécute pas ftrictement les articles des différentes coutumes (*) qui prononcent fur les dégats caufés par les animaux, ni les articles de l'ordonnance des eaux & forêts. Le Parlement de *Grenoble*, par fes arrêts des 14 août 1643, 4 novembre 1665, & 19 novembre 1605, a défendu d'avoir des *chévres*, fous peine de confifcation, & on les exécute. M. l'Intendant de *Poitiers* a rendu, il y a quelque tems, une *ordonnance, par laquelle il eft permis, en cette généralité, de détruire & faire main baffe fur toutes les chévres, quelque part où on les trouve :* elle eft exécutée; ce qui s'accorde avec l'article 196. de la coutume de cette province, & quelques propriétaires défendent même à leurs fermiers d'en avoir, par leur bail.

(*) *Nivernois*, chapitre X. article 18 ; celle de *Berri*, *titre des fervitudes*, art. 18; celle de *Normandie*, art. 84 ; & celle d'*Orléans*, art. 152.

néanmoins quelques exceptions (*a*).

Un autre motif qui cause pareillement la destruction des *hayes*, & qui continuera de le faire, si on n'y remédie, c'est l'usage où est le *paysan*, d'étêter ou de couper le sommet de la tige des arbres à une hauteur trop considérable, ou de les élaguer à une hauteur trop élevée, & sans leur laisser de *tête*, tous les six ou sept ans, comme cela se pratique. Ces sortes de

Second motif du dépérissement des clotures de hayes vives,

L'ordonnance du 11 juin 1709, inflige des peines à ceux qui feroient du dégât dans les terres ensemencées, ou qui voleroient les grains & les fruits. *Détruire les plantations*, ce cas n'est-il pas aussi punissable que celui du dégât des terres & du vol des *fruits*? Quelques coutumes, entr'autres, celle du *Poitou*, art. 196, défendent aux propriétaires des *chevaux, vaches* &c., de mener leurs bestiaux dans les bois, jusqu'à ce que les plants ou tailles ayent atteint l'âge de quatre ans; pourquoi n'en est-il pas de même ailleurs?

(*a*) En effet, on ne voudroit pas priver les habitans, *continuent les citoyens dont nous rapportons les réflexions*, d'une *chèvre* qu'ils auroient pour leurs besoins, ni détruire celles qui nourrissent les enfants; mais on desireroit qu'à tout autre, le nombre de ces animaux fût diminué, & qu'il ne fût permis aux premiers comme à ceux ci, que de conduire à la *liziere* leurs *chèvres*, jusqu'aux endroits des montagnes ou autres lieux non couverts de bois, pour les y faire paître.

X ij

tailles occafionnent, fans contredit, aux arbres, un dommage extrême (a).

Il eft donc très - intéreffant d'y re-médier, en défendant au colon de n'éla-guer ces arbres qu'à des hauteurs conve-nables.

Le troifieme motif du dépériffement des clôtures de hayes vives, fut, & eft encore, de ne planter le long des pre-mieres fortes de clôtures, fur les fecon-des, & pour former les troifiémes, que des hayes de *mauvaifes épines noires* & des *ronces* qui périffent & *renaiffent alter-nativement* tous les deux ou trois ans.

Ces arbriffeaux forment les clôtures les plus foibles, les plus défagréables & les plus infructueufes. Les intervalles qui s'y trouvent, font *retoupés* ou bouchés

---

(a) Cette opération s'effectue malgré la défenfe por-tée par *l'Ordonnance des eaux & forêts,* d'élaguer ou d'émonder les *chênes* ; cependant il eft indifpenfable de le faire fur les chemins publics, où il fe trouve de cette forte d'arbres, fur tout lorfque ces chemins n'ont point une largeur fuffifante, attendu que leur ombre empê-che que ces chemins ne fe féchent, & que leurs bran-ches nuifent au paffage des voitures.

annuellement par des fermetures de branches de *chénes*, de *pommiers*, de *frefnes*,
de *faules* & d'*épines*. On entrelaffe ces
hayes mortes comme des *palliffades* ; ce
qui eft une opération annuelle & difpen-
dieufe , & qui ôte tout efpoir de voir re-
naître de jeunes *chênes* &c. dans ces intervalles. Rien ne les y peut garantir &
protéger contre le dommage des beftiaux , & des *hayes mortes* même ; & on
fçait que ces dernieres hayes font funeftes
aux *hayes vives* qu'elles touchent.

On croit cependant qu'on pourroit
éviter un pareil inconvénient, en rece-
pant ou coupant la *haye vive* , en provi-
gnant les jeunes branches qui fe trouvent
le plus près de la terre, & en rapprochant
les fupérieures les unes des autres , le
mieux qu'il feroit poffible. On pourroit
même les mettre à l'abri de tout événe-
ment funefte, en difpofant une palliffade
à une certaine diftance de la haye , qui y
refteroit jufqu'à ce que ces jeunes plans
euffent bouché ces ouvertures , ou qu'ils

Reméde au
troifieme dé-
périffement
des clótures
de hayes vi-
ves.

X iij

euffent été fuffifamment fortifiés, pour ne plus rien craindre de la part des hommes & des animaux.

On ne doit pas s'attendre que la plantation des arbres dans les hayes, provienne des graines de femences que les vents & les animaux, tels que *mulots*, les *taupes*, les *corbeaux*, les *corneilles* &c., apporteront, & laifferont tomber en ces endroits ; on ne doit pas même efpérer que les feuillages des plans élevés, étant pourris, fourniront un terreau parfait pour les alimenter. On doit donc plutôt former ces plantations de bons arbriffeaux, les garnir, de diftance en diftance, de bons arbres, & ne point fe promettre que le hazard pourvoye ces hayes de plans ; car l'efpérance d'avoir de ces fortes de pepinieres, feroit trop incertaine.

Ces hayes complantées comme on vient de le dire en dernier, empêcheroient l'entrée trop facile de ces terres enclofes. Ce qu'on tireroit de ces arbres en *bois quarré*, en *planches*, en *fagots* &c.,

affureroit aux propriétaires des reffources, foit pour la reconftruction des *mai-*
fons, *granges* & autres bâtiments, foit
pour en faire un commerce, foit enfin
pour fervir en nature, aux befoins des
propriétaires.

Les citoyens zélés dont nous conti-
nuons de rapporter les réflexions, renou-
vellent auffi leurs plaintes au fujet des
dommages que caufent les chévres ; &
ils expofent en même-tems, les inconvénients qui pourroient réfulter de leur deftruction.

Le premier eft le fecours que les pau-
vres payfans trouvent dans la poffeffion
de ces animaux. Et l'on obferve, à ce
fujet, que, dans le cas où l'on accorderoit
quelques reftrictions en leur faveur, ainfi
qu'ils l'ont déja dit (*a*), il faudroit obvier
à ce que l'on n'abusât point de cette to-
lérance, en s'étendant au-delà du nom-

(*a*) Voyez ci-devant page 313, à la note.
Dans bien des provinces, on fait porter à la *chévre*
qui nourrit un enfant, &c, un *cordon rouge au col*.

bre prefcrit par la permiffion. Pour parvenir à l'empêcher, il s'agiroit, *difent-ils*, d'authorifer les chefs de paroiffes à en faire des examens rigoureux, & à impofer des amendes aux contrevenants.

Le fecond inconvénient qui fuivroit la deftruction des *chèvres*, feroit la perte qu'on feroit d'une branche de commerce affez confidérable.

Ces animaux fourniffent un grand nombre de *peaux* qui fe trouvent employées par les *Gantiers*, les *Culotiers*, les *Bazanniers*, les *Cordonniers* &c. Le *fuif du bouc* (a), opéré ou non opéré, eft d'une grande reffource pour les *Chandelliers* & autres, au moyen des mêlanges qui s'en font avec d'autres *fuifs*; mais on répond que le refte des *chèvres* & *boucs* qui fe nourriront fur les montagnes & autres lieux non dommageables, pourront fournir à cet objets. D'ailleurs, les pertes que

----

(a) En quelque province, on nomme cet animal *Daim*; mais ce nom lui eft donné improprement.

les propriétaires des terres feront des bé-
néfices que leur apporte ce commerce, feront bientôt réparées par les nouvelles productions des bois, & les multiplica-
tions des récoltes qu'ils feront annuelle-
ment.

Après ces réflexions, qui paroissent ju-
dicieuses, on passe aux moyens de réparer les clôtures vives & les hayes dété-
riorées, ainsi qu'à ceux de les repeupler, selon les différentes sortes de nature de *terroirs*, & selon les espéces d'*arbres* qui conviennent le mieux, tant par leurs produits, que par leur plantation.

On conseille de former sur chacune des *métairies*, une petite *pepiniere*, & d'en enlever les plants lorsqu'ils feront parvenus à l'âge qu'on va fixer (*a*). On exige

---

(*a*) La raison apportée pour exiger qu'on les tire d'une pepiniere, est 1°. la difficulté qu'on pourroit avoir de s'en procurer suffisamment & de convenables dans les *bois* &c.; 2°. d'en avoir non mêlées avec des branches sans racines & de différentes sortes nuisibles aux *grains*, telles que les *épines noires* & autres dont les racines serpentent & produisent beaucoup de rejet-

que l'étendue de cet emplacement foit de vingt ou trente pieds en quarré, & qu'on y feme, à la fin d'*Octobre*, des graines d'*aubepines* ou d'*épines blanches* (*albæ fpinæ* (a)) ou encore des *noifetiers* ou des *coudriers* (*coryli fativi.*) On aura foin de les renouveller fucceffivement. On mêlera parmi ces fortes de femences, une petite quantité de *pepins* de *pommes* & de *poires* (b).

Il faudroit farcler ces pepinieres & les faire *ferfouir*, c'eft-à-dire, retourner la terre & l'ameublir.

---

tons qui enlevent le plus précieux des nourritures aux plantes qui les avoifinent ; & 3°. afin qu'on ne rifque pas de perdre du plant, foit par le trop long tems qu'il aura été hors de terre avant de le replanter, foit par le mutilage qu'il peut avoir effuyé dans le tranfport : d'ailleurs les plantes élevées dans un climat, fupportent mieux les viciffitudes & les variations qui peuvent s'y exercer, que celles étrangéres qu'on y apporte.

(a) Arbriffeau à fleurs blanches & odorantes, qui fleurit au mois de *Mai*.

(b) Il eft d'autres femences d'arbres non moins avantageufes que celles-ci. Plufieurs perfonnes s'appliquent au choix qu'on en doit faire par préférence. Auffi-tôt que leurs Mémoires nous feront parvenus, nous en donnerons connoiffance au public.

Au bout de deux ou trois ans, suivant la bonté du sol de la pepiniere, on enlevera les petits plants d'*aubepine* ou de *noisetier.* On les placera sur deux rangs, à la distance de huit à dix pouces chacun, ou sur les rives (*a*) des fossés de la premiere sorte, ou dans le milieu de ceux de la seconde, & à l'endroit où l'on voudra clore par une haye vive, les différents champs qu'on aura désigné.

Le premier rang sera placé sur une couche de terre rapportée & préparée, soit sur le sommet de la rive du fossé ou vers le centre. (Si c'est une *muraille de terre murée* ou *en gazons* ou *en pierres*), soit vers l'endroit de la marcation de la haye,

---

(*a*) Cette méthode de plantation d'arbres sur les rives des fossés, est conforme au sentiment de la Société de *Bernes* (*), & à celui du Bureau d'Agriculture du *Mans* (**) ; mais nous le répétons ici : la Société de *Dublin* & bien des personnes la rejettent.

(*) Voyez ci-devant pages 198, 164 & 242.
(**) *Réflexions des Commissaires de ce Bureau sur le Mémoire* de M. de la SCRINIERE, Directeur du Bureau d'*Angers*. Il est question, dans cette piéce, des *clôtures des terres*. Sa date est du 15 Août 1761.

ou vers celui qui fait la féparation des héritages ou domaines, s'il en eft autrement.

Cette terre doit avoir au moins cinq à fix pouces de profondeur. Si le fol naturel n'eft pas d'une nature convenable aux plantations.

On formera le fecond rang à la diftance d'un pied & demi du premier, & on doit obferver que le plan rangé dans le fecond rang, foit difpofé pofitivement vis-à-vis du centre ou des intervalles qui fe trouveront entre chaque plan du premier rang, & jamais vis-à-vis les uns des autres, afin d'évite le concours des racines,& que le plant jouiffe de l'air qui lui fera néceffaire.

Le plant des *pommiers* & des *poiriers* étant également enlevé de la pepiniere, on le placera au centre des deux rangs,de douze pieds en douze pieds, & même à une plus grande diftance, fi on le defire.

Par la fuite on greffera ces fauvageons, de bonnes efpéces ; &, au moyen des hayes d'*aubepine* qui environneront leurs plants, ces *pommiers* & *poiriers* fe trouveront à l'abri des ravages des beftiaux. Les payfans, d'un autre côté, récolteront des fruits dont ils formeront une boiffon très-potable & très-faine (*du cidre.*)

Si on juge à propos d'entremêler ce dernier plan de fauvageons, on pourra planter alternativement un fauvageon, & femer deux ou trois glands de *chênes* ou deux ou trois fruits de tout autre arbre, tel que de *maronier, noyer* &c. Nous difons deux ou trois fruits, de crainte que fi l'un ne leve pas, l'autre leve.

On déterminera la quantité d'arbres à planter pour ces clôtures, en proportion de l'étendue du terrein qu'on veut enclore ; on évitera par-là qu'un trop grand nombre de ces arbres nuife par la longueur, l'extenfion de leurs racines, & par l'ombre qu'ils porteroient, aux plantes qu'on femeroit dans l'enclos, fur-tout fi on en multiplioit le nombre plutôt du côté du levant & du midy, que de celui du nord & du couchant.

On doit garnir le plant des hayes, de branches d'épines ou autres, à une certaine distance : sçavoir, celui qui sera placé sur les rives des fossés, on disposera ces branches de l'autre côté de la rive opposée à l'enclos ; celui qui sera placé sur les murailles, & celui qui devra former une haye pure & simple, on rangera ces branches des deux côtés de la haye dans l'espace d'un pied ou environ : par ce moyen, on n'étouffera pas ce plan, & on le garantira par-là de la voracité des bestiaux.

Il faut avoir attention d'entretenir ces sortes de hayes, c'est-à-dire, de remplacer les plants qui périront, de les *receper* ou de les tondre chaque année, à commencer pour la premiere fois avant leur premiere séve ou leur premier accroissement de l'année, & de ne les laisser monter qu'à la hauteur de huit à neuf pieds.

Cela peut avoir lieu assez généralement, à l'exception cependant des *pommiers* & des *poiriers*, qu'il faut élaguer le plus que l'on pourra, en laissant toujours le sommet de la tige. Ces arbres, par ce moyen, monteront à certaine hauteur, & l'ombre de leurs branches ne pourra nuire aux plans jettés dans l'enclos, ou à ceux qui composeront la haye.

La largeur du fossé de la premiere sorte de clôture, (*en cas que ce soit un chemin qui borde l'enclos,*) la plantation de la haye sur la rive opposée à celle de l'enclos, (*cette plantation est estimée la meilleure & la plus commode (a),*) & la

______

(*a*) Cette pratique est contraire au sentiment de MM. les Commissaires *du Bureau d'Agriculture du Mans*, à qui le Mémoire sur les clôtures des terres, de M. de *la Soriniere*, Directeur du Bureau d'*Angers*, & qui contient pareille observation, fut communiqué. *Réflexions de ce Bureau en date du* 15 *Août* 1761. Ces Messieurs sont d'avis qu'on rejette plutôt la terre sur la rive des chemins, comme cela se pratique partout, lorsque les terres encloses les avoisinent. Ils veulent qu'on place, comme cela doit être, la haye sur l'autre rive, parce que les terres qu'on tire du fossé, étant jettées sur le milieu du chemin, elles le bonifient, & remplissent les cavités qui peuvent s'y être formées. Ces chemins étant en *dos d'âne*, les eaux s'en écoulent facilement dans les fossés qui les bordent, plutôt que d'y croupir, comme elles feroient, en adoptant la pratique contraire. Nous ajoutons même à ce sage & prudent avis, qu'il se trouveroit sans cesse mille obstacles à l'accroissement du plant, des hayes du côté des rives qui borde-

diſpoſition des terres de celle de la ſéconde ſorte de clôture, à la diſtance que nous venons de fixer, feront ſuffiſantes, pour empêcher que les ſemences jettées dans le ſol de l'enclos, ne ſoient altérées par les racines des plants qui formeront ces clôtures. Autrement, & comme nous l'avons déjà dit, ſi ces foſſés étoient moins larges, & ces hayes moins diſtanciées, l'ombre des hayes ſur la rive des foſſés, quoique du côté oppoſé à celui de l'enclos, ne pourroit que nuire à l'accroiſſement des plantations qu'elles environneroient.

En exécutant ces ſortes de clôtures, on pourra facilement encore alors, vuider les terres amaſſées dans les foſſés, & les rejetter ſur le terrein de l'enclos (*a*).

---

roient le chemin. Le paſſage continuel des beſtiaux qui perceroient la haye, & bien d'autres inconvénients y donneroient lieu. C'eſt à la vérité un déſavantage pour le propriétaire de l'enclos : mais, où le bien général commande, l'intérèt particulier doit céder.

(*a*) Ces terres ſont excellentes pour les améliorations.

Souvent

Souvent même, on pourra auffi recueillir les herbes qui croîtront dans ces foffés, & les donner en nourritures aux beftiaux. Ces fourages feront recueillis bien long-tems avant que ceux des prairies ordinaires foient pouffées ou accrues.

Si l'on ne rencontre point ces avantages avec la conftruction des *foffés-murailles & dès hayes-fans-foffés*, lorfqu'on ne pourra pas exécuter la clôture de la premiere forte, il faudra néceffairement laiffer une efpace de terrein de fix à fept pieds, où l'on ne femera aucun grain précieux : en effet la femence ne produiroit rien ; on n'y récolteroit que des herbes pour le paçage des beftiaux.

E S S A I

Sur les moyens de faciliter aux Laboureurs les connoissances de chaque différentes nature & qualités des terres.

U N des Membres de la *Société d'Agriculture de Touraine, Bureau du Mans,* ayant lu les éclaircissements que nous avons demandés au public (*a*), sur les moyens de donner aux Laboureurs une connoissance facile de la nature & de la qualité de chaque terre, s'est empressé de nous communiquer ses observations dans l'Essai dont nous venons de rapporter le titre.

Cet Auteur estimable, après avoir examiné attentivement les inconvénients qui doivent résulter de la diversité des dénominations qui ont été données jusqu'à présent, aux différentes nature & qualités de

____

(*a*) Voyez ci-devant pages 46 & 60 de ce volume.

fols , & après avoir également confidéré les difficultés immenfes qui fe trouve-roient dans l'exécution actuelle de pro-céder à leurs analyfes finguliéres & gé-nérales , propofe des moyens fimples , vulgaires & provifionnels , pour parvenir à la maniere de faire , le plus juftement qu'il eft poffible , la diftinction de ces dif-férentes fortes de nature de terres , & de les défigner à ne pas s'y tromper.

M. du V.... eftime qu'on doit diftin-guer deux fols , *l'intérieur* & *l'extérieur.*

Par *fol intérieur* , vulgairement appellé *fond* en la province du Maine , il entend le deffous de la furface de la terre jufqu'à une certaine profondeur , ou cette ma-trice dans laquelle les plantes ont leurs racines.

Et , par le *fol extérieur* , connu partout fous le nom de *humus, fol* , il entend par-ler de cette furface même de la terre que nous venons de défigner , & fur laquelle nous nous mouvons.

Il divife chacun de ces fols en deux genres primordiaux.   Y ij

Le *sable pur* & sans mêlange, forme la composition du sol du premier genre, & la terre compacte, solide & sans mêlange, forme le second.

M. du V.... subdivise ensuite chacun de ces genres de sols en trois classes ou dégrés de bonté & de médiocrité. Il attribue la diversité de ces dégrés au plus ou moins de mêlange des deux sortes de nature de terres, qui rendent ces genres de sols plus ou moins mouvants ou compactes, & plus ou moins susceptibles des impressions des éléments, qu'il reconnoît influer sur eux.

SABLE
Premiere
subdivision.

1. Le premier dégré de la nature de *sable*, indiquera le *sable mouvant, maigre*, par le peu de mêlange de terre qu'il renferme ; ce qui le rend mauvais, ou peu ou point productif.

2. Le second dégré indiquera les *sables* de moyenne qualité productive, parce qu'ils renferment plus de mêlange de terre que le premier dégré.

3. {
Le troisieme indiquera le *sable*
gros, très-mêlangé & très-susceptible des impressions & du concours,
& que l'on nomme communément,
bonne terre, douce, légére, sablonneuse.

TERRE
FORTE.

Seconde subdivision.

1. {
Le premier dégré du second genre
ou nature, indiquera la terre *lourde,
compacte, solide,* sans mêlange apparent de *sable,* de nature maigre, stérile ou peu productive, peu susceptible de l'impression & du concours ;
ce qui la rend de mauvaise qualité.

2. {
Le second dégré indiquera la nature de terre moins lourde & moins
forte, plus mêlée de *sable,* plus susceptible du concours & des corps
productifs : ce sera la moyenne qualité.

3. {
Le troisiéme indiquera les *bonnes
terres fortes,* très-fertiles & très susceptibles du concours & du mêlange,
qui la rendent de la meilleure qualité
productive.

On ajoutera à chaque espéce de sol,

à chaque nature ou genre de terrein, une désignation subsidiaire & accidentelle à la situation du terrein, telle que *terrein sec* ou *aride*, *terrein frais* ou *sain*, *terrein humide* ou *marécageux.*

Et, relativement aux mélanges des corps solides & étrangers en plus ou moindre quantité, on dira, *terrein graveleux*, *terrein pierreux*, *terrein caillouteux.*

M. du V... observe qu'il ne comprend pas, dans ces différentes espéces de sols & nature de terres, les *marnes*, les *houilles*, les *tourbiéres*, les *crayes*, les *tufs* &c. Il les laisse pour être rangées dans la classe principale & particuliere des engrais. Il en est de même des *minerais* des *minicres* : il les abandonne à une autre classe principale & particuliere.

Par ce plan, l'*Auteur* croit devoir se persuader que les *Sociétés du Royaume*, pourront être en état de correspondre, avec plus d'assurance, de faire entendre qu'elles parlent de *telle* terre sous *telle* désignation. Il pense aussi, par cette voye, d'éviter la confusion dangereuse qui peut résulter de la variété des dénominations des terres.

Ce plan, quoique fort bien conçu & bien combiné, est sujet à beaucoup d'inconvénients, auxquels il sera peut-être aussi difficile de remédier, qu'à ceux qu'on connoît déja, & qui sont usités. Qui est en effet le Cultivateur qui connoisse encore bien parfaitement les *sables* & les terres compactes ou fortes ? Qui est celui qui, par cette même raison, pourra précisément distinguer les différents dégrés dé chacun de ces genres de terres ? Des moyens spécifiques pour distinguer par quelques expériences mises à la portée de l'homme le plus borné, tels que les effets du feu & des acides, (*vinaigres* &c.), semblent être les voies les plus efficaces pour assurer le Laboureur que telle terre se fondant ou se vitrifiant, (*se former en verre*), ou que telle terre fermentant ou bouillonnant avec les acides, & ayant telle & telle propriété & vertu, est telle

Y iv

ou telle nature de terre. En connoiſſant le premier genre de ces terres, on diſtinguera facilement les dérivés ou les compoſés en plus ou moins grande proportion.

Ce plan nous paroît bien plus aſſuré que celui que nous avions déja propoſé (*a*), & c'eſt celui qu'a pris un de nos Correſpondants de Normandie, pour inſtruire ſes Paroiſſiens (*b*).

(*a*) Voyez ci-devant page 60.

(*b*) L'Ouvrage qui paroît ſous le titre de *Bouſſole Agronomique*, ou *Guide des Laboureurs*, eſt de ce vrai Patriote.

ÉCLAIRCISSEMENTS

SUR

LA PLANTE DE TEINTURE,

CONNUE EN FRANCE

SOUS LE NOM DE MALHERBE.

PLUSIEURS Auteurs célébres (*a*) qui ont travaillé à perfectionner l'art de la teinture, ayant trouvé dans la plante appellée *malherbe*, des propriétés relatives à cet art, en ont parlé dans leurs ouvrages : presque tous les dictionnaires en ont fait mention, ainsi que les beaux réglements sur la teinture, rendus sur les avis de feu M. *Colbert.*

Après ces témoignages, nous avons cru que la description d'une telle plante, étoit très-nécessaire, & que nous ne pouvions nous dispenser de la faire entrer

____

(*a*) MM. HELLOT, JUSSIEU, &c.

dans un ouvrage auſſi général & auſſi étendu que le nôtre.

Il ne nous a pas été poſſible, lors de la formation de l'article de cette plante de teinture (*a*), de la décrire comme les autres, n'ayant pas les documents néceſſaires. Nous avons ſuſpendu cette deſcription, pour conſulter la perſonne de *Provence*, qui veut bien concourir avec nous à la perfection de notre ouvrage, & nous rendons compte maintenant, ainſi que nous l'avons promis, de ce que nous avons appris ſur la nature & la qualité de cette plante.

La *malherbe* eſt le *trentanel* que les réglements & les auteurs qui ont écrit ſur la teinture, ſemblent diſtinguer ; cette même plante porte auſſi le nom de *thymelée*, mais de la troiſieme eſpéce, celui de *garou* & de *bois gentil* (*b*) ; ſon nom

____

(*a*) Voyez page 182 du premier volume de notre partie du Commerce.

(*b*) On trouve encore une autre plante qui porte le nom de *bois gentil*, mais c'eſt la caméade ou le *poivre ſauvage*, le *poivre des montagnes.*

Latin est *thymelea officinarum* vel *mons-*
peliaca ; thymælea grana gnidii vel *foliis*
lini ; chamælea tenui folia & nigra fera-
pioni : comme c'est un arbrisseau, nous le
décrirons, & nous indiquerons ses propriétés bonnes & mauvaises dans cette
classe, à l'article qui aura pour titre :
Arbrisseaux de teinture (a).

E S S A I

S u r une nouvelle construction de Grange
à fourages & à grains.

LEs constructions qui sont peu dispen-
dieuses à élever à la campagne dans de
petites cours, ou dans des métairies qui
ont peu d'étendue de terres, sont très-
proposables aux habitants des villages ;
sur - tout à ceux vulgairement appellés
menagers , petits propriétaires ; c'est un

(a) Nous renvoyons pour cet effet à la partie du
Commerce, où il en sera traité.

plan de ces fortes de conftructions que nous a dreffé un François, *négotiant & habitant à Hambourg* (a).

On a la coutume en *Allemagne*, *dit ce Citoyen eftimable (toujours rempli du defir de contribuer pour quelque chofe au bien être de fon ancienne & chere patrie*) entr'autre, dans les territoires dépendants des villes *Anféatiques*, de conftruire des *granges* (b) qui ne font compofées que de huit piéces de bois de dix à douze pouces en quarré & de quatre-vingt à cent pieds de longueur, qu'on racourcit & qu'on augmente fuivant le befoin du propriétaire. Ces piéces de bois, qu'on peut appeller proprement *pilliers* ou *folives*, font enfoncées dans la terre jufqu'à une certaine profondeur (cinq à fept pieds ou environ.) A certaine hauteur, on établit un plancher folide qui fert à foutenir les huit pil-

____

(a) C'eft la perfonne qui nous aide à perfectionner cet ouvrage.

(b) Voyez la planche N°. 1, Fig. B.

liers en l'air , & à les empêcher de se déranger de leur direction horisontale. Le dessous de ce plancher , sert de remise pour y placer les *charrues* & autres instruments du labourage &c. Au-dessus de ce plancher, on établit pareillement, un toit mouvant qu'on couvre de *pailles* ou de *roseaux* &c. ; ce toit se hausse & se baisse par le moyen des *chevilles de fer* qu'on fiche le long des pilliers qui se trouvent percés de la distance de deux pieds en deux pieds , suivant la quantité de *fourages* ou de gerbes de *bled* &c., qu'on a à placer dedans , & on arrête alors ce toit.

Cette sorte de grange nous a paru fort commode, outre les avantages observés par notre *Correspondant*, nous comptons que les fourages ayant un toit qui les couvre & les mette à l'abri des injures de l'*air* asur & mesure qu'on en tire du grenier , doivent se conserver dans toutes leurs propriétés; avantage qu'on ne rencontre point dans les amas de fourage qu'on forme en France , & sur-tout en Flandres.

Cet amas s'appelle *meule* ou *meulon*, &
vulgairement *moye*. Un tel avantage ne ſe
rencontre pas non plus dans les granges
ordinaires ; le deſſus des fourages ayant ſa
partie principale (*qui ſont les ſemences*) ;
toujours expoſée au grand *air*, elle s'y
détériore conſidérablement ; cette dété-
rioration diminue par conſéquent la bonne qualité du *fourage*.

Cette ſorte de conſtruction peut être
perfectionnée & rendue beaucoup plus
commode & plus utile : c'eſt aux *mécani-
ciens*, animés du même zéle que nous,
à y porter leur attention ; nous nous ferons un plaiſir de recevoir leurs avis.

DESCRIPTION

De la Figure B. de la planche placée à la fin de ce volume.

A, A, A, Pilliers.

B, B, Plancher.

C, C, C, Remise ou angar.

D, D, D, Toit.

E, E, E, *Morceaux de fer*, avancés du cercle qui entoure & qui glisse sur les pilliers, pour hausser & baisser le toit, soit avec une *poulie* & des *cables* ou cordes, que l'on attache au haut de quelques pilliers, lorsque le toit est fort lourd, soit avec des *bâtons*, des *perches* &c.

F, F, F, *Grenier* ou lieu où est déposé le *fourage* &c.

G, G, G, *Restant de fourage* placé sur le plancher du grenier.

RAPPORT

DES mesures des solides de la ville du MANS *à celles de* PARIS.

*L*A *Société d'Agriculture de la Touraine,
Bureau du Mans,* reconnoissant l'utilité
d'un rapport exact des mesures des grains
de la ville capitale du *Maine* à celles de
Paris, pour l'intelligence des dénominations des mesures qu'elle indiqueroit dans
ses différents Mémoires (a), a cru devoir
faire procéder à cette réduction : voici le
tableau qui en a été publié dans cette province, & que nous croyons n'être pas

---

(a) *La Société de Paris,* ainsi que celle de *Bernes,* ont
donné une fixation du poids de la mesure de leur ville.
Voyez le premier vol. du Recueil des délibérations de
cette premiere Société, page 61, & page 1 du premier
volume du Journal de la seconde. Nous avons senti,
comm' ces illustres Sociétés, toute l'utilité de cette
détermination ; ce qui nous a fait proposer en conséquence les différents *essais* au public.
Voyez ci-devant pages 137, 141 & 145.

hors

hors de propos de publier dans notre ouvrage.

Mesure de *Paris*, pesant vingt livres le boisseau, qui compose les $\frac{2}{3}$ de celui du Mans.	Mesure du *Mans* au boisseau reformé & fixé à 30 livres pésant poids de marc.
Le *muid* contient 12 *septiers* ou 24 *mines*, ou 48 *minots*, ou 144 *boisseaux*; il pése . . . 2880 l.	On est dans l'usage à la ville & quinte du *Mans*, de se servir de deux seules mesures,
Le *septier* ou 12 *boisseaux* pésent . 240	Du boisseau pésant 30 l.
Le *minot* ou 6 *boisseaux* pésent . 120	Et de la charge contenant 12 *boisseaux*; cette charge pése 360
Le *minot* ou 3 *boisseaux* pésent . 60	

Le *muid* de *Paris* contient 144 *boisseaux* qui équivalent à 8 *charges* ou 96
boisseaux du Mans.

Le *septier* contient 12 *boisseaux* qui
forment $\frac{2}{3}$ de *charge* ou 8 *boisseaux*.

La *mine* 6 *boisseaux*, ci $\frac{1}{3}$ de *charge* ou
quatre *boisseaux*.

Le *minot* 3 *boisseaux*, ci $\frac{1}{6}$ de *charge* ou
2 *boisseaux*.

Le *boisseau*, ci $\frac{1}{12}$ de *charge* ou $\frac{2}{3}$ de
boisseau.

Nota. Ce RAPPORT de la mesure de *Paris* à celle du *Mans*, ne peut être utile que dans la ville & quinte du *Mans*; car il se trouve une multiplicité de mesures pour le *bled* dans la province du *Maine*, lesquelles diffèrent toutes les unes des autres depuis 18 à 96 livres & plus, tant dans les *marchés* & *halles*, que dans la fixation des mesures particulieres des rentes en bled dûes aux Seigneurs ou autres.

CONTENANCE

Du journal de terre dans le pays du Maine.

LE journal de terre au Mans, contient 66 perches $\frac{2}{3}$.

La perche contient 25 pieds de Roi.

D'où il résulte que le journal forme les $\frac{2}{3}$ d'un arpent ordinaire (*a*).

(*a*) Voyez pages 150 & 304 précédentes.

F I N

Du tome premier de la partie du Corps général d'Observations.

TABLE

DES MATIERES

Contenues dans ce Volume.

Z ij

ÉCLAIRCISSEMENS NE'CESSAIRES, DE-
MANDE'S SUR DES OBJETS QUI INTE'-
RESSENT LE COMMERCE.

Z iv

tes végétables pendant l'hiver, que
nous venons d'indiquer.

Fin de la Table des matieres.

APPROBATION.

J'AI lu, par ordre de Monseigneur le Chancelier, le premier volume du manuscrit intitulé, *l'Agronomie & l'Industrie, ou Corps général d'Observations, faites par les Sociétés d'Agriculture, de Commerce & des Arts & Métiers, établies chez les diverses nations &c.* ; & je n'y ai rien trouvé qui en doive empêcher l'impression. A Paris le 15 Mai 1762.

Signé ROUSSELET.

Le Privilége est à la fin du premier volume de la Partie d'Agriculture.

FAUTES ESSENTIELLES

A CORRIGER.

PRÉFACE.

PAGE xj. ligne ij, le gouvernement à celui des, *lisez* le gouvernement à celle des.

P. xiij. l. v. en remontant, que nous *disions*, *lisez*, que nous *dissions*.

P. xviij. l. ix, l'idée d'éviter de se tirer de servitude, *lisez*, l'idée de se tirer de servitude.

P. xxij. l. iv. en remontant, feu le Roi, *lisez*, le feu Roi.

P. xxiij. l. xiv, ils se tournerent donc *à* l'Agriculture, *lisez*, ils se tournerent donc *vers* l'Agriculture.

P. xxviij. l. iv, sont devenuee fertiles, *lisez*, sont devenuës fertiles.

Idem. l. viij. en remontant, ou sensible, *lisez*, ou insensible.

P. xxxvij. l. derniere, tant Françoise qu'étrangères, *lisez*, tant Françoises qu'étrangères.

P. xxxviij. l. derniere, exigent que, *lisez*, exige que.

CORPS D'OUVRAGE.

Page 10. ligne premiere de la note, *filamen-teufe*, *lifez*, filamenteufe.

P. 24. l. 4, qualues, *lifez*, qualités.

P. 43. l. derniere de la note, commerce, *ajou-tez*, & d'Agriculture.

P. 58. l. 13, il fait, *lifez*, fur.

P. 59. l. 12, autre nom, *ajoutez*, on le nomme froment ras ou raton.

P. 63. l. derniere, dans lequel il, *lifez*, dans lequel elle eft établie.

P. 89. l. 6, les prix des affermes, *ajoutez*, ou fermages.

P. 91. l. 3, diffrentes, *lifez*, différentes.

P. 94. l. 2. en remontant, graude, *lifez* grande.

P. 112. l. 3. en remontant, ne fe refusèrent par, *lifez*, ne fe refusèrent pas.

P. 114. l. derniere, ualités, *lifez*, qualités.

P. 119. l. 3 & 4, c'eft ce qui donne lieu de conclure à la Société, *lifez*, c'eft ce qui donne lieu à la Société de conclure.

P. 123. l. 10, la plûpart de ceux, *lifez*, la plûpart de celles.

P. 147. l. 8, & le quart ou le litron, *lifez*, & le quart ou quatre litrons.

P. 149. l. 10, vingt-quatre pieds, *lifez*, trenté-fix pieds.

P. 152. l. 6, l'Agriculteure, *lifez*, l'Agri-culture.

P. 152. l. derniere, de de, *fupprimez* un de ces mots.

P. 195. l. 2. de la note, & il en faut cent, *lisez*, & il faut six pieds.

P. 212. l. 2. en remontant, profiteroit, *lisez*, profiteroient.

P. 229. l. 9, fermention, *lisez*, fermentation.

P. 247. l. 11. en remontant, voient, *lisez*, voyoient.

P. 252. l. 12, turulps, *lisez*, turneps.

P. 339. l. 2, horizontale, *lisez*, paralelle.

Idem. l. 5, à fur, *lisez*, au fur.

AVIS
AU RELIEUR.

Il faut placer ici la planche.

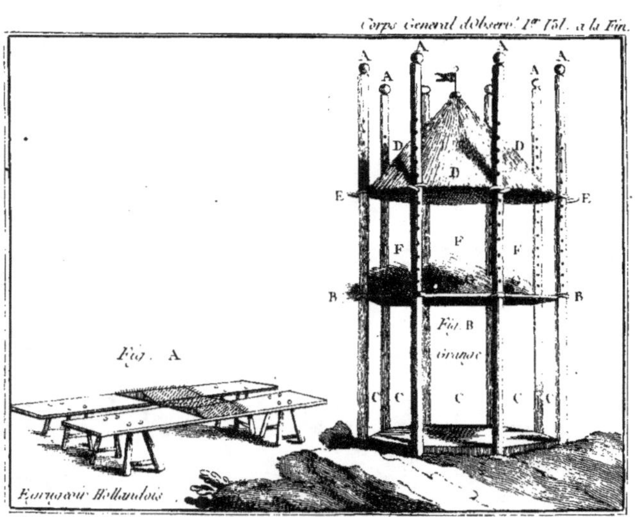

A
A
A
A
A
A
A
D
D
D
E
E
F
F
F
B
B
Fig. B
Grande
C
C
C
C
C
Fig. A
Essuyoir Hollandois

www.ingramcontent.com/pod-product-compliance
Lightning Source LLC
LaVergne TN
LVHW020601180726
843502LV00002B/326